时间岛图书研发中心 主编

成长要素 思维课

应急管理出版社
·北京·

图书在版编目（CIP）数据

思维课／时间岛图书研发中心主编．－－北京：应急管理出版社，2019（2023.1重印）
（成长要素）
ISBN 978－7－5020－7518－7

Ⅰ.①思… Ⅱ.①时… Ⅲ.①思维科学—青少年读物 Ⅳ.①B80－49

中国版本图书馆CIP数据核字（2019）第096644号

### 思维课（成长要素）

| | |
|---|---|
| 主　　编 | 时间岛图书研发中心 |
| 责任编辑 | 高红勤 |
| 封面设计 | 韩志鹏 |
| 出版发行 | 应急管理出版社（北京市朝阳区芍药居35号　100029） |
| 电　　话 | 010－84657898（总编室）　010－84657880（读者服务部） |
| 网　　址 | www.cciph.com.cn |
| 印　　刷 | 三河市同力彩印有限公司 |
| 经　　销 | 全国新华书店 |
| 开　　本 | 710mm×1000mm $^1/_{16}$　　印张　8　　字数　70千字 |
| 版　　次 | 2019年7月第1版　2023年1月第2次印刷 |
| 社内编号 | 20191910　　　　　　　　定价　31.80元 |

**版权所有　违者必究**

本书如有缺页、倒页、脱页等质量问题，本社负责调换，电话：010－84657880

# 目 录
## CONTENTS

**第一章 锻炼推理能力,你也可做个有潜质的侦探　/001**

　　谁在说谎　/002

　　情报电话　/003

　　凶器是什么　/004

　　投毒命案　/005

　　一个关键的指纹　/006

　　别墅惨案　/007

　　离奇命案　/009

　　巧识凶手　/010

　　嫌疑人的短文　/012

　　杀人浴缸　/014

　　沸腾的咖啡　/015

　　金笔指证凶手　/017

　　名字辨凶　/018

　　伪造的遗书　/020

　　白纸遗嘱　/021

　　一辆翻车　/022

　　被识破的伎俩　/024

　　敲错了门　/026

　　新干线上的抢劫案　/027

001

阳台上的凶杀案　/028
女教师之死　/030
奇怪的手枪　/031
珍珠项链的启示　/033
奇怪的救护车　/034
深夜的恐吓信　/035
到底中了几枪　/037
13朵玫瑰　/038
嫌疑的迹象　/040

## 第二章　提高逻辑思维能力，谜题将迎刃而解　/041

真的假不了　/042
花心肠子吉米　/043
谁的年龄大　/044
谁送的礼品　/046
爱因斯坦的问题　/047
麻烦的任务　/048
会说话的指示牌　/050
五个学生　/051
有几个天使　/052
谁是说谎者　/053
英明的总督　/054
约翰教授的奖章　/055
野炊分工　/057
穿越隧道　/058
甲乙丙丁　/059
美人鱼的钻戒　/061
小魔女们的小狗　/062

四对亲兄弟　　/065

火中逃生　　/066

身后的彩旗　　/068

只收半价　　/069

两枚古钱币　　/070

三个人的职位　　/071

剩下的1元钱呢　　/072

赔钱卖葱　　/073

国王的两个女儿　　/074

鱼的主人是谁　　/076

谁"差"钱　　/078

花店老板之死　　/079

## 第三章　发挥想象力，真是"柳暗花明又一村"　　/081

一句话定生死　　/082

叔父的遗产　　/083

闹钟停了　　/084

环球旅行　　/085

过　桥　　/086

水桶里有多少水　　/086

巡抚选人才　　/088

绝妙办法　　/089

深山藏古寺　　/090

隧道里的火车　　/091

渎职的警察　　/092

吃麦苗的小羊　　/093

谁是冠军　　/094

小仲马机智索酬　　/095

小狗多多　　/096
分蛋糕的卡比　　/097
巧搬石头　　/098
租房的问题　　/099
洞穴的秘密　　/100
儿子的安危　　/100
马克思的求爱妙招　　/102

## 第四章　激活发散思维力，无限天地更广阔　　/103

奇怪的经历　　/104
过独木桥　　/104
孪生姐妹　　/105
0的断想　　/106
聪明的收税官　　/108
他会变得怎样　　/109
绑票者是谁　　/110
严重的错误　　/111
"反一反"的结果　　/112
最失败的抢劫　　/113
没有新闻的新闻　　/114
时间的问题　　/114
预测机　　/116
精明的考古学家　　/117
关帝庙求财　　/118
奇怪的血缘关系　　/119
【成长箴言】　　/120

第一章

# 锻炼推理能力，
# 你也可做个有潜质的侦探

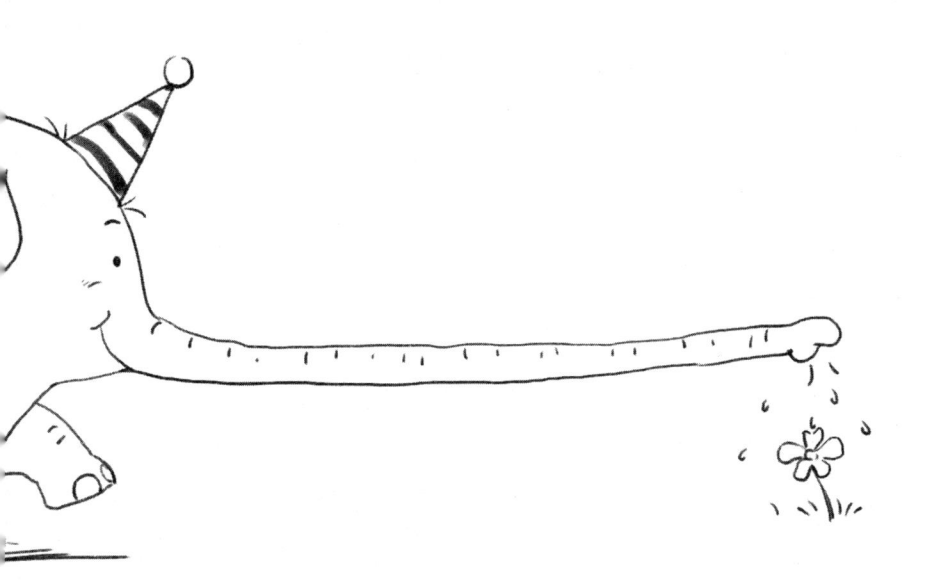

## 谁在说谎

一个瓜农一直非常精心地侍弄自己的西瓜地。一次，他患了很严重的病，不能到田里去了，可他放心不下地里的西瓜，于是让两个儿子去田里看看西瓜的长势。大儿子回来说："西瓜有碗口大小。"而小儿子却说："西瓜只有碗底那么大。"

过了8天，瓜农的病痊愈了，他到田里一看，发现西瓜果然有碗口那么大。

你知道当时两个儿子谁说了假话吗？

### 我思我想

是大儿子说了假话。因为瓜农是在8天后才去田里的，这时看见的西瓜才碗口那么大，就说明在8天前西瓜肯定没有这么大。

## 情报电话

福特在金冠大酒店被歹徒挟持，歹徒逼迫他给家里报平安。福特的电话内容是这样的：

"亲爱的罗莎，您好吗？我是福特，昨晚不舒服，不能陪您去夜总会，现在好多了，多亏金冠大酒店经理上月送的特效药。亲爱的，不要和我这样的'坏人'生气，我们会永远在一起的，请您原谅我的失约。我的病不是很快就好了吗？今晚赶到家时再向您道歉，可别生我的气呀！好吧，再见！"

可是5分钟后，警察突然出现在他们面前，歹徒不得不举手投降。那么，我们大家想一想，福特是怎么报案的呢？

**我思我想**

福特在打电话时做了点手脚，即他在通话时，一讲到无关紧要的话，就用手掌心盖紧话筒，不让对方听到；而等讲到关键的话时，就松开了手。这样，家人就收到了这样一段"间歇式"的情报电话："我是福特……现在……金冠大酒店……和坏人……在一起……请您……快……赶来……"

## 凶器是什么

　　一具女尸在沙漠腹地被人发现。死者随身携带的首饰和钱包被洗劫一空，一只丝袜也被凶手扯下来扔在一边。验尸官报告说受害者是由于头部受到钝器击打而死。警察搜查附近的村落，抓住了犯罪嫌疑人，但是由于找不到犯罪嫌疑人使用的凶器，始终无法定罪。案子被移交给了更高一级的法院。接手此案的是个有丰富经验的法官，他仔细阅读了关于案件的材料，最后找出了犯罪嫌疑人的作案方式和所用的凶器，犯罪嫌疑人只得认罪伏法。

　　你知道凶器是什么吗？

**我思我想**

凶器就是死者的丝袜。把长长的丝袜装满沙子，就变成了一件能置人于死地的凶器。

# 投毒命案

一天早晨，某集团的董事长被发现死在自己家的后院里。死因是氰化钾中毒，死者是在准备骑自行车出去晨练时，吸入剧毒气体而死的。

可是，案发当天，既没人接近过死者的房子，在现场也没发现有任何可能产生氰化钾的药品和盛放氰化钾的容器。那么，罪犯是怎么将这位董事长毒死的呢？

最后，调查这一案件的警探发现，倒在地上的自行车的一个车胎已经完全没气了，变得扁扁的。注意到这一点后，警探马上就识破了罪犯的作案手段。

想一想，凶手是如何作案的呢？

**我思我想**

罪犯在案发的前一天晚上溜进董事长的院子，并把氰化钾气体充进自行车的车胎里。第二天早晨，当被害人要骑自行车出去晨练时，发现自行车的车胎气太足了，于是就拧开气门芯想放点气，剧毒气体就随之冒出来将他毒死了。

# 一个关键的指纹

汤姆向欧文斯借了很多钱买了栋豪华的别墅，可都快半年了，汤姆还没有还一分钱。欧文斯实在无法忍受，就按响了汤姆家的门铃，让汤姆还钱。两人一言不合就争吵了起来，最后还动手打了起来。高大的欧文斯用两只手死死地掐住汤姆的脖子，汤姆在挣扎中左手摸到一个锤子，就朝欧文斯的头砸去，欧文斯随即倒地停止了呼吸。

杀死欧文斯后，汤姆吓坏了，慌乱之下马上把欧文斯的尸体拖到了后院并掩埋起来，然后擦拭干净所有的血迹，又清理了沙发、地板和欧文斯所有可能碰过的东西，以求不留下一个指纹。正当他做完这一切的时候，门外响起了急促的敲门声——是欧文斯的两位警察朋友。

欧文斯曾交代，如果他在下午还没有回到家的话，就让他的警察朋友来这里找他。尽管汤姆十分镇定，但警察还是不费吹灰之力就找到了欧文斯留下的唯一一个指纹。你知道这个指纹藏在哪里吗？

**我思我想**

这是一道测试人阅读是否足够仔细的思考题，如果读者粗心大意的话，可就和汤姆一样会疏忽了一个细节之处了。故事前面提到，欧文斯是按门铃进来的，所以门铃按钮上留有他的一个指纹，而警察是敲门进来的，所以保留了这个很重要的线索——一个没有被清除掉的指纹。

## 别墅惨案

警察局接到一个报警电话，报案人说是邻居朱丽叶好久没有出门了，而且从她的房子里还传出难闻的气味。于是两个警察被派往朱丽叶的别墅去查看情况。当他们到达别墅前时，发现台阶上凌乱地放着很多报纸，台阶下面还有一瓶过期的牛奶。所有这些都说明房子的主人已经好久没来取这些东西了。

他们推开虚掩着的门，发现朱丽叶的尸体倒在地板上，一把插在她胸口的尖刀夺去了她的生命。由于已经死亡多日，尸体发出了难闻的气味。整个房间内的贵重物品也被洗劫一空。

两个警察在查看完这一切后，商量了一下，便决定去抓凶手了。

那么，凶手会是谁呢？

### 我思我想

凶手是送牛奶的人。文中有这样一句："台阶上凌乱地放着很多报纸，台阶下面还有一瓶过期的牛奶。"可见送报纸的人每天仍来，而送牛奶的人好久不来了。因为送牛奶的人知道朱丽叶被害了，他才不会再到这里送牛奶了；而送报纸的人显然不知道这一点，所以每天仍准时把报纸送来。而且，若按常理来说，如果不是送牛奶的人害了朱丽叶，当他第一次看到朱丽叶的尸体后，肯定会吓得报警的。不然没有那么巧合，朱丽叶出事了，送牛奶的恰巧有事也不再来送了。

## 离奇命案

在海边的沙滩上，发生了一桩离奇的命案。死者是当地的一个富翁。本来像死者这种身份的人身边总是会有侍从的，可是案发当天富翁让身边的侍从回房间取东西，自己一个人躺在沙滩上的躺椅上晒太阳。侍从回来后发现富翁被一把太阳伞的金属伞柄刺入胸膛致死。

令人奇怪的是，富翁附近的沙滩上除了侍从留下的脚印外，再没有别人来过的痕迹，而警察也排除了侍从作案的可能。那凶手究竟会是谁呢，他又是怎么做到不留一丝痕迹的呢？

百思不得其解的警察请来了著名的侦探福尔摩斯。福尔摩斯来到案发现场进行了一番调查，他沉思了一会儿说："我明白了。"

你明白是怎么回事了吗？

**我思我想**

凶手是风。是海边的大风吹起了太阳伞,太阳伞落下时,坚硬的伞柄像匕首一样插入了富翁的身体。

## 巧识凶手

牛顿是英国的数学家、物理学家和天文学家。他在剑桥读书时,有一天晚上,马西教授请工友送来一张字条给他,上面写着:"上个月伦敦西敏寺教堂发生的国王宝石失窃案件,我已经调查出了一些线索,希望你明天早上到我宿舍来,帮助我推理一下。宿舍地址是教授大楼第102号房间。"马西教授是一位留有大胡子的老先生,英国历史学家,也是西敏寺教堂宝物展览室的顾问。

第二天早上,牛顿赶到102房间,却见到床上睡着马西教授年轻的助手。他有一张洁白光滑的脸,好像很爱干净。助手说:"有一个仇人要杀我,听说昨天已经到大学找过我。

我把这件事情告诉了马西教授,他提议我们交换房间。我原来住在隔壁的103号房间,马西教授现在应该在我的房间里。"

牛顿听了转身去了103号房间,来到门口只见门锁已经被扭坏,留着大胡子的马西教授已经死在了床上,是被人用手勒死的,喉部还有凶手留下的痕迹。助手见状,很悲伤地说:"一定是仇人不知道我们的房间,黑暗中把马西教授当作是我,而害死了他。"牛顿说:"别胡说,杀害马西教授的凶手就是你!"

你知道牛顿是如何推理的吗?

### 我思我想

头天晚上,马西教授送了一张字条给牛顿,叫他第二天早上到102号房间来,这说明教授在牛顿来之前是不会换房间的。还有,被勒死的教授有大胡子,而他的助手是洁白光滑的脸,杀手是不可能把助手和教授给弄混的;而且103号房间的门是被弄坏的,助手在一个自己将要被杀的时间,是不可能还安心睡觉的,所以不可能听不到动静。综上所述,助手就是凶手。

## 嫌疑人的短文

星期六晚上，一家乐器商店被盗。盗贼是砸碎了商店一扇门上的玻璃窗后钻进店内的。他撬开3个钱箱，盗走1225克朗，又从陈列橱里拿了一只价值14000克朗的喇叭，放在普通喇叭盒里拿走了。警方找出了A、B、C三个嫌疑人。三个嫌疑人被带到警官面前，桌子上放着三支笔和一些纸。警官要求他们假设自己是盗贼，设法破门进入商店，偷些什么，采取什么措施来掩盖痕迹而写一篇短文。

A：星期六早晨，我对乐器店进行了仔细观察，发觉后院是最理想的下手地方。到了晚上，我打碎了一扇边门的玻璃窗。爬了进去，我先找钱，然后又从橱窗里拿了一个很值钱的喇叭，溜出了商店。

B：我先用玻璃刀在橱窗上划开一个大洞，这样别人就不会怀疑我。我也不会撬三个钱箱，因为会有响声。我会去拿喇叭，把它放在盒子里，藏在大衣下面。

C：深夜，我在暗处撬开商店边门，然后戴着手套偷钱和橱窗里的喇叭。我要用这钱买真皮手套，之后再出售喇叭。

警官看完后，马上确认了盗贼。盗贼是谁呢？警官凭什么判断他就是盗贼呢？

**我思我想**

盗贼是B。因为警官根本没有说过乐器店丢失了什么东西，而B则很清楚地写到了他不会去撬三个钱箱。他是怎么知道乐器店里有三个钱箱的呢？很显然，他就是那个盗贼。

## 杀人浴缸

一天，尼克探长要去看望住在海边豪宅的好友布莱克。在路上，他给布莱克打了个电话，告诉他大约半个小时后就到了。

半小时后，尼克的确准时到达了好友家，仆人将他迎进了客厅。他在客厅里等了5分钟，还不见主人布莱克出现。这时仆人特里说："老爷进去洗澡已经半个多小时了，会不会有什么事啊……"尼克探长于是去了浴室，叫不开门，便撞开了浴室门，这才发现布莱克早已死在了浴缸里。从初步检查的结果来看，好友是溺水死亡的，死亡时间大概在半小时前。

警察赶到后做了进一步分析，发现布莱克的肺部有大量海水，而没有淡水残留。同时，整个下午只有仆人特里一个人在家，没有其他人来过。

尼克立即抓住了特里，说他是凶手。特里拼命地否认他没有作案时间："尼克探长打电话来的时候主人还在接电话，从那时到现在只有 30 多分钟，可是从这里到海边却要 1 个小时的时间。我就是坐飞机也来不及。"但尼克一口咬定就是特里干的。

你认为尼克的理由是什么呢？

**我思我想**

思维定式是侦探最大的敌人。在海水中溺死是一条重要的线索，它暗示了警察此案发生的地点很可能是在海边；而且特里拥有不可能作案的时间证据。但实际上，如果仔细思索一下，就能想到：被海水溺死并不意味着就一定发生在海边。如果有足够多的海水的话，在浴缸里同样也能作案，然后放掉海水，装满淡水。这只需要 10 分钟就足够了。

## 沸腾的咖啡

有一天，大侦探福尔摩斯到森林中打猎，不知不觉天色就晚了，他便在空地上支起帐篷，准备宿营一晚。

忽然，一个年轻人跑来告诉福尔摩斯，他的朋友卡特被人杀害了。福尔摩斯问这个年轻人叫什么，他回答说："我叫菲尔特。一个小时前，我和卡特正准备喝咖啡，突然从树林里蹿出两个大汉，将我们捆了起来，还把我打昏了，等我醒来一看，卡特已经……"

福尔摩斯听完后，拍拍菲尔特的肩膀，说："走，一起去看看。"说完，福尔摩斯便跟着菲尔特来到了案发地点。卡特倒在火堆旁，两条绳子散乱地扔在他的脚下，旁边的帆布包被翻得乱七八糟。福尔摩斯俯下身，见卡特的血已经凝固，断定是一个小时以前死亡的，凶手是用钝器击碎颅骨才使他丧命的。

他的目光又回到火堆上，火烧得很旺，黑色咖啡壶在发出"嘶嘶"的声响，刚刚烧沸的咖啡从锅里溢到锅外，散发出迷人的香气，滴落在还没烧透的木炭上。

福尔摩斯默默地站了一会儿，突然掏出手枪对准菲尔特说："别演戏了，老实交代吧！"

请想一想，福尔摩斯凭什么说菲尔特就是作案嫌疑人呢？

### 我思我想

关注细节，综合在一起动脑思考一下，不难发现漏洞：卡特是一个小前被暴徒杀死的，可现在咖啡才烧沸，并溢出来；正常情况是，一个小时前咖啡就煮好了，两人正准备喝。可见菲尔特在说谎，一定是他先杀了卡特，然后才开始煮咖啡。"

## 金笔指证凶手

位于贝当大街布鲁克巷5号的一间情人旅馆里，除了救护的工作人员、警长莫纳汉和名探哈莱金外，还有一具女尸。那是一位妙龄女郎，被水果刀捅入背部致死的。"她是吕倍卡·兰恩，"警长向哈莱金介绍情况说，"她上周才与'大卫'号船长西奥多·兰恩完婚。昨天西奥多刚起航前往夏威夷，他们在第三大街有一套小巧的单元房。"

"有嫌疑对象吗？""可能是查理·巴尼特。死者吕倍卡曾与巴尼特相好，但最后却选择了与西奥多结婚。""让我独自去拜访一下这个巴尼特吧。"哈莱金说着，又故意将一支绿色金笔扔在了门口。

嫌疑人巴尼特独自住在他的加油站后院。探长哈莱金进门就问："你知道吕倍卡被人杀害了吗？""啊！不，不知道啊！"巴尼特气喘吁吁地说。

"嗯，不知道就好。"哈莱金说，然后故意装出伸手到上衣袋中摸笔作记录状："噢，糟糕，我的金笔一定是刚才不小心掉在吕倍卡的房间了。我得马上去办另一件案子，顺便告诉警方你与此案无关。你不会拒绝去帮我找回金笔，送到警察局吧？"巴尼特看上去似乎很犹豫，但终于耸耸肩膀，说："好吧。"当巴尼特将金笔送到警察局时，他立即就被逮捕了。

亲爱的读者们，你们知道这是为什么吗？

**我思我想**

犯罪嫌疑人巴尼特口口声声说自己不知道吕倍卡·兰恩被谋杀之事，但是他却知道杀人现场，这怎么解释？这显然是不打自招。如果他是无辜的，应该不知道杀人现场，而应该去第三大街吕倍卡的新居寻找金笔。

## 名字辨凶

一名青年死在了一座 26 层高的大楼旁边，警方断定死者是从这座楼的楼顶坠地而死的。警方发现在这名死者的手心里用笔写着一个"森"字，好像是在暗示着杀人凶手的名字，却因时间有限而只写了一个字。笔就落在他手边的地上，而且只有他的指纹。看来确实是坠楼的同时掏出笔写在手心上的。

警方根据看电梯人员的举报找到了案发当时也在楼顶的5名疑犯。他们都与死者认识，但是他们谁都不承认自己是凶手。他们分别叫：张宇、刘森、赵方、张森、杨一舟。这时警方想起了死者手心上的那个字，认定了杀人凶手。

你知道那个杀人凶手是谁吗，为什么是他呢？

### 我思我想

凶手是张森。从推理的角度来看，先把五个人的名字都看一遍"张宇、刘森、赵方、张森、杨一舟"，你会发现，如果凶手是赵方和杨一舟，那么被害人只写他们名字中的一个字就可以代表凶手了，因为其他人的姓名中没有和他俩名字相同的字；而"张宇、刘森、张森"这三个人的姓名里互有相同的字，如果凶手是张宇，被害人只写"宇"就可以了，所以不是他。同样，如果是刘森的话只写个"刘"就可以了，所以凶手不是刘森，而是张森。

## 伪造的遗书

有位老人十分喜欢小鸟，所以他在树林深处建了一幢别墅，并在别墅里挂了许多鸟笼，养着各种各样的鸟。

一天，他的一位多年未见的老朋友前来拜访他时，发现他死在了家中，便立即报了警。刑警来到现场，发现一张字迹潦草的遗书，上面记录了自己的死因：说是服用了大量的安眠药而自杀的。但是，当刑警环顾四周时，发现室内有很多鸟笼，笼内的小鸟还在欢快地啼叫着。他的朋友向刑警介绍说，死者三年前当了爱鸟协会会长。

听了这话，刑警果断地下了结论："如果是那样的话，则是他杀，遗书是伪造的。"

警察是根据什么说出这番话的呢？

**我思我想**

刑警看到小鸟还在笼子里便断定是他杀的，因为既然死者是爱鸟协会的会长，在自杀之前应该会将小鸟放飞，还它们自由。爱鸟的人对小鸟的爱会超出常人，而自己都要自杀了还把心爱的鸟关在笼子里是不合常理的。

## 白纸遗嘱

作曲家简和音乐家库尔是一对盲友。简病危时曾请库尔来做公证人，立下一份遗嘱把自己一生积蓄里的一半财产捐给残疾人福利机构。随即让他的妻子拿来笔和纸，以及个人签章。他在床头摸索着写好遗嘱，装进信封里，并亲手密封好，郑重地交给库尔。库尔接过遗嘱，立即专程送到银行保险箱里保存起来。

一星期后，简死于癌症。在简的葬礼上，库尔拿出这份遗嘱交到残疾人福利机构的代表手中。但当代表从信封中拿出遗嘱时，发现里面竟然是一张白纸。

库尔根本无法相信，简亲手密封、自己亲手接过并且由银行保管的遗嘱会变成一张白纸！这时来参加葬礼的尼克探长却坚持认定遗嘱有效。众人都疑惑不解地看着尼克探长，期待着他的解释。

你认为探长会怎么解释?

**我思我想**

其实,简的妻子为了保住遗产,故意把没有墨水的钢笔递给简。由于库尔和简都是盲人,自然也就没有发现,没有字的白纸最终被当成遗书保存下来。可是,虽然没有字迹,但钢笔画过白纸留下的笔迹仍然存在。如果仔细鉴定是可以分辨出来的,所以遗嘱仍然有效。

## 一辆翻车

西斯是一名特工。一天,他得到一个消息:敌国的情报官将于凌晨2点驾车经过3号盘山路,而且手里有一份绝密文件。西斯决定设计劫走这个情报,而且很快就行动了起来。他坐在一辆卡车里,关闭了车灯,躲在路边等候情报官的到来。看看表,已经2点了。这时候,远处传来了汽车声,接着灯光越来越近,终于看清了,就是这辆车!

他立即发动卡车，打算去拦截，谁知对方的车居然自己停了下来，情报官也下了车，叫骂："见鬼，忘了加油了！""真是难得的机会啊！"西斯这样想着，同时马上开车冲了过去，在情报官面前停下车，掏枪就把情报官打死了。然后拿出他想要的情报，把没用的文件和情报官的尸体塞进汽车，又将准备好的汽油瓶扔进驾驶室。最后，他把汽车推下山崖。随着"轰"的爆炸声，西斯的脸上也显出了几分得意。

第二天早上，电视新闻播报说："今天凌晨，3号盘山路发生车祸。一辆汽车翻下山崖起火爆炸，驾驶员被烧焦。但是，经过警方的现场调查，初步判断这是一起有预谋的谋杀，确切结果还有待进一步取证和焦尸查验……"听到这里，西斯很是吃惊，他不明白他精心设计过了的谋杀案，居然有漏洞！

那么，我们知道警方是怎样发现破绽的吗？

**我思我想**

烧毁的汽车上，油箱的指针指在0的位置，说明汽车在翻下山谷之前油箱里就没有油了，怎么可能引起爆炸呢？分明是人为制造的一起案件。

## 被识破的伎俩

夏日的一个夜晚,威尔森死在了他的书房里,右手握着手枪,一颗子弹击中头部。桌上摆着一台电扇和一封遗书。遗书上说他因丧偶后难耐的孤独而自杀,赶去天堂会妻子。

警官克鲁斯在现场看到,电风扇的插头已经从墙壁上的插座上拔出。"是威尔森从椅子上翻倒时碰脱的?"克鲁斯心里产生了一个假设。为慎重起见,他将插头插入,电风扇的开关开着,所以又转动了起来。克鲁斯警官心里有谱了:"这不是自杀,是他杀!凶手在射杀威尔森后,将假遗书放到桌上然后逃离了现场。"

警官为何如此判断?

**我思我想**

插上插头,电风扇开始转动,桌子上的遗书就会被风吹掉,而那封遗书在尸体被发现时仍放在桌子上。这就是说，被射杀的威尔森倒地时，碰到了电源线，插头从插座中脱落，电风扇停止转动，然后凶手才将假遗书放到桌上。否则遗书不会安然不动地待在桌子上。毫无疑问，这是他杀。

## 敲错了门

夏威夷是个度假胜地,每年都有很多人到这里来度假。麦克探长今年也来这里度假了,他住在海边一家4层楼的酒店里,这家酒店的3层和4层全是单间,他住在402号房间。

这天,麦克玩儿了一天,有些累了,回到房间想洗个澡,早点休息。正当他走进浴室准备放水时,忽然传来了两声敲门声。麦克以为是敲别人的房门,就没有理会。不一会儿,一个小伙子推开房门走了进来,原来麦克忘记了锁门。

小伙子看到麦克后有点慌张,但很快反应过来,礼貌地说:"对不起,我走错房间了,我住在302号房间。"说着就掏出钥匙让麦克看,以证明他没说谎。麦克笑着说:"没什么,这是常有的事。"

小伙子走后,麦克立即通知酒店保安:"立即搜查302号房间的客人,他可能正在4楼作案。"保安迅速赶到现场,抓住了那个正在行窃的小伙子,并搜出了大量赃物。

保安人员很不理解，问："探长先生，您是怎么知道他是一个窃贼的呢？"麦克笑着说："我洗完澡后再告诉你。"

那么，你知道这是怎么回事儿吗？

**我思我想**

是因为敲门暴露了自己。3层和4层都是单间，所以房客进入自己房间的时候是不需要敲门的。

# 新干线上的抢劫案

在从神户开往横滨的新干线列车上，价值5000万日元的旧纸币被洗劫一空。案发时间是在凌晨两点左右。负责押运纸币的安全队长安田头部受伤。经验丰富的日暮警官奉命调查此案，他在案发的第3节车厢的5号包厢里只发现了两根吸了一半的香烟。

日暮问案发时候的情况，安田说："我从上车开始就没有离开过这个包厢半步。凌晨两点左右，忽然有两个人闯了进来。他们一高一矮，都蒙着面，只是露出眼睛。没有等我反应过来，他们就把我打倒在地，用枪指着我的头，然后就用什么东西把我打昏了。我醒来的时候发现钱不见了，就报了案。"

日暮警官问："地上的烟头是你丢的吗？"

安田回答说："不是，是他们两个丢的。"

日暮警官说："既然是这样，那么我就知道谁是犯人了。"说完就让手下把安田抓了起来。

那么，你知道日暮警官为什么要抓安田吗？

### 我思我想

安田说两个闯入的人都蒙着面，只露着眼睛，还有地上的烟头是那两个人丢的。既然两个劫匪都是蒙着面的，他们怎么会抽烟呢？安田显然在说谎。

## 阳台上的凶杀案

新一届的奥运会就要举办了，每个运动员都在抓紧练习，住在体育公寓的运动员也不例外。萨马是国家体操运动员，曾经两次得到世界冠军，所以这届奥运会，大家都对他期望很大。

周日，萨马很早就起床了。他住在公寓的5楼。5楼上有一个很大的阳台，阳台的一角放着运动器械。他来到阳台上，压压腿，做了一些倒立。对面阳台上，有个小朋友看得直叫好，可是就在这时，只听见"砰"的一声，萨马就倒在阳台上不动了。

马里探长闻讯赶来。他检查了尸体，发现子弹是从背后射入的。有一颗弹头嵌在阳台的地板上，和死者的伤口完全吻合。探长捡起弹头，仔细辨认了一下，发现这是专门用于射击比赛的子弹。

经过进一步调查，得知这栋楼的2楼住着一个射击运动员叫山姆，就对他进行了调查。山姆生气地说："你们这是在怀疑我？看看，子弹是从他后背进去，下腹出来的。显然凶手是从上面向下射击的，可是我是住在2楼，怎么可能呢？"经过对山姆周围邻居的调查，证实早上山姆确实没有出门，那么凶手会是谁呢？

马里探长想了想，心中有了答案。那么，你知道凶手是谁吗？

**我思我想**

凶手就是山姆。他是趁萨马练习倒立的时候从2楼阳台射击的。

# 女教师之死

贝蒂是一名女教师，为人谦虚善良，深受学生和同事的喜爱，经常被评为"优秀教师"。她还有一个大她三岁的姐姐莫妮卡，可是相比之下，大家都更喜欢贝蒂。

一天早上，已经过了上课的时间，可是贝蒂还没有来。老师和学生都觉得奇怪，就给贝蒂家里打电话，可一直没有人接听，于是就到她家里去看，可是无论怎么按门铃，就是没有人应答，最后她只好找来了经验丰富的探长洛克。洛克问清楚了情况后，凑近房门，看了看门上的"猫眼"，那是一个探视孔，房间里的人可以通过它看到外面的情况，而外面的人却看不到里面。

最后，洛克叫大楼保安把房门打开，发现贝蒂穿着睡衣倒在地上,已经死了。检查后得知死亡时间为前一天晚上8点左右。洛克又看了大楼的监控录像,知道了昨天晚上有两个人来找过贝蒂。一个是她的姐姐莫妮卡,另外一个是她的同事萨拉。可是两个人都说她们按门铃的时候没有人开门,以为贝蒂不在就走了。

洛克探长沉思了一会儿,突然说道:"我知道谁是凶手了,就是她的姐姐——莫妮卡!"

经过审问,凶手果然是莫妮卡。

那么,你猜猜探长是怎么知道的呢?

**我思我想**

有人敲门后,贝蒂会通过"猫眼"看是谁。如果是同事,贝蒂会换好衣服再接待;而自己的姐姐来敲门时,她才会穿着睡衣去开门。

## 奇怪的手枪

一天,有5个手持左轮手枪的匪徒从岛根的一家银行向西逃窜。银行的警卫队长田中闻讯后,立即驱车追赶。保安部的高桥见状也带领着几个警卫驾车去追赶。

追着追着,一阵激烈的枪声将他们带到了一条小山沟。等赶到枪声发生的现场时,只见5个匪徒都倒在地上死了,而田中的左臂也受了伤。高桥赶忙从地上捡起被抢的箱子,扶着田中一起回来。当晚,大家为田中举行庆功会,并让他讲讲事情的经过。

田中带着几分醉意走上台,说:"我追上他们的时候,他们正准备分赃。忽然一个放风的匪徒发现了我,向我开了两枪,打中了我的左臂。我看准机会冲过去,抢了他的枪,一枪把他打死,然后躲在石头后面,又连开4枪把其余的匪徒都打死了,这时救援的人就到了。"

话音未落,只听高桥说:"别演戏了,你和那些匪徒是一伙的!"

经过审问,田中和那5个匪徒果然是一伙的。

那么,高桥先生是怎么知道的呢?

**我思我想**

匪徒用的是左轮手枪,左轮手枪里只有6发子弹。田中说匪徒向他开了两枪,他自己开了5枪,一共是7枪,这怎么可能呢?所以显然田中说谎了。

## 珍珠项链的启示

警察甲与乙在讨论刚刚接手的谋杀案：一个寡妇死在了梳妆台前，头部被击中，几乎没有线索。

"你注意了吗？死者的手里抓着一串珍珠项链。"

"人是死在梳妆台前的，她是正在打扮的时候被害的，当然拿着项链了。"

"不，死者脖子上有项链，她不会再戴一条啊！"

"可能凶手也是个女人，死者在同凶手搏斗中揪下了凶手的项链。"

"不对，项链很完好，不像是打斗时揪下来的。我觉得这可能是死者在向我们暗示什么，一定是与凶手有关。"

"凶手？刚刚邻居说这个女人信佛讲道，接触的人除了和尚就是算命的道士，谁能戴项链啊？"

"谁戴项链？……我好像明白了。"

那么，读者朋友，你猜到凶手是什么人了吗？

**我思我想**

凶手是和尚。项链就是暗示和尚的念珠。

## 奇怪的救护车

依波尔探长来到警局，准备查找一份资料，忽然接到报警电话——中央街银行闯进来四个蒙面匪徒，抢走了近百万的现金，然后开车逃走了。依波尔探长立即和其他警察一起以最快的速度向出事的中央街银行赶去。

一路上，车辆和行人听到警笛声都纷纷让路。在快到银行的时候，忽然前面不远处传来了一阵急促的救护车声。探长看到救护车停在路中央，旁边围着很多人。他下车一打听，原来刚才有个男子不遵守交通规则，在穿过马路的时候被卡车撞伤了，刚好这辆救护车路过，人们就把它拦了下来，打算让他们把这个伤者送到医院去。可是这个救护车上的一个医生却说他们要去救另外一个病人，不肯救这个男子。所以大家就和这个医生吵了起来。

依波尔探长马上对医生说："你们还是赶快把这个病人送去医院吧,时间长了人就没命了!"医生没有办法,就招招手,车上又下来一个医生,一起把伤者抬上担架,抬进了救护车,关上车门就开走了。

警车继续行驶,探长还在担心着刚才的那个伤员——那两个医生把他的头朝外抬上救护车,那伤员的头上还在流血,能否救活呢?忽然,探长一拍脑门,说道:"不好,马上掉头!追上那辆救护车!"

依波尔探长为什么突然要去追赶救护车呢?

**我思我想**

专业的救护车在抢救伤员的时候,应该将伤员的头朝里,脚朝外。而这个救护车上的医生却弄反了,显然他们不是专业的救护人员,而是冒充的,于是探长想到了他们就是劫匪,是想在抢劫后开着救护车逃跑。

## 深夜的恐吓信

八目町的一栋大楼在凌晨1点突然起火。浓烟是从

1012房间冒出来的，消防员从房间里救出了中村，可是他的老师荒木却被烧死了。

经过法医鉴定，荒木是中毒身亡的，时间大概是12点。这就说明有人先杀害了荒木先生，然后又纵火制造假现场。警方经过调查得知，荒木因为和妻子洋子闹离婚，半个月前搬到了中村家暂住。可是，他们夫妻二人因为财产问题一直没有达成协议。清里警官觉得这个样子很可疑，就带人来到了洋子的住所。

此时已经是凌晨3点了，画家洋子还在进行创作。清里说明来意，洋子说："我就知道你们会怀疑我。不过我也是受害者，我也收到了一封恐吓信。"说着就从抽屉里拿出了一封从邮局寄来的信，只见上面写着："我知道你是杀害荒木后又纵火的凶手，如果不想我报案，就于明天中午在市役所附近的地铁站出口见面，记得带上300万日元。还有，如果报警，你就死定了！"

清里看完后问道："起火时你在哪里？"

洋子回答说："我一直在这里绘画。"

清里厉声说道："不，你就是那个凶手！"说着就让手下将洋子带回警局。那么，清里警官是根据什么来判断洋子就是杀人凶手的呢？

**我思我想**

案子才刚刚发生两个小时，洋子是不可能这么快，而且在深夜收到这封从邮局寄来的信的。显然是她早就准备好了的。

## 到底中了几枪

一天夜晚，住在某个旅馆里的一位空姐被人枪杀了。

凶手是从30米外的对面的屋顶用无声手枪射中她的。窗户是关着的，窗子上有一个弹洞。从这一迹象来看，凶手只开了一枪。但奇怪的是，被害者的胸部和腿部都中弹了——大腿被子弹射穿，胸部也留有子弹。这样看来，凶手好像开了两枪。如果凶手开了两枪，那么另外一颗子弹是从哪里射入被害人的房间的呢？这颗子弹又在哪里呢？

大家无法回答，于是去请教大胡子探长。大胡子探长肯定地回答说："只中了一枪。"

那么，大胡子探长是根据什么这么说的呢？

**我思我想**

凶手开枪时,被害人正背对着窗子弯腰,子弹射穿了她的大腿后进入了她的胸部。所以表面看来是中了两枪。

# 13朵玫瑰

海克特租用的房间只有一扇窗和一扇门,而且都从里面锁上了。警察小心翼翼地弄开门,进入房间,只见海克特倒在床上,中弹死了。

警官打电话给海尔丁探长,向他报告了情况:"今天早上,第103街地铁站那儿卖花的小贩打电话报警,说海克特在每个星期五的晚上都要到他那里买13朵粉红色的玫瑰,已经有10个年头了,从未间断过,可这两个星期他都没去。那个小贩有点担心海克特会出事,就给我们打来了电话。初步看来,海克特像是先锁上了门和窗,然后坐在床上向自己开了枪。他是向自己的右侧倒下去的,手枪掉到了地毯上。开门的钥匙在他背心的口袋里。"

"他买的那些玫瑰怎么样了?"探长问道。

"它们都装在一个花瓶里,花瓶放在狭窄的窗台上,花都枯萎凋谢了。另外,据我们分析,海克特死了至少已有8天了。"

"整个地板都铺了地毯吗?"

"是的,一直铺到了离墙脚一英寸的地方。"警官回答。

"在地板、窗台或者地毯上有没有发现血迹?"

"只有一点灰尘,没有别的东西。只有床上有血迹。"

"如此说来,你最好派人检查一下地毯上的血迹。"海尔丁说道,"有人配了一把海克特的房间的钥匙,他开门进去,打死了正站在窗边的海克特,然后,清洗了所有的血迹,再把尸体挪到床上,使其看上去像是自杀。"

海尔丁为什么如此推断呢?

**我思我想**

放在窗台上花瓶中的13朵玫瑰,在房间里搁了两个星期后早已枯萎凋谢,按理说窗台、地板和地毯上应该能找得到落下的花瓣,而不可能只有一点灰尘而没有别的东西。所以海尔丁认为那些凋落的花瓣是被凶手清除血迹时一同处理掉了。

## 嫌疑的迹象

鲁布市发生了一起谋杀案,警察到达现场时,在浴缸旁发现了几滴凶手的血。经化验,这个犯罪分子的血型是AB型。

侦察的结果,查出一名叫吉卡的中年老板有犯罪嫌疑。但警方前往拘捕时,却晚了一步,吉卡出国了,因而无法查出他的血型是什么。

于是警方转而调查吉卡父母的血型,他父亲的血型是O型,母亲的血型为AB型。此时,警方便排除了吉卡的嫌疑。

你知道为什么吗?

**我思我想**

当父亲为O型血,母亲为AB型血时,吉卡的血型只能为A型或B型。所以,他不是凶手,凶手另有其人。

第二章

# 提高逻辑思维能力，谜题将迎刃而解

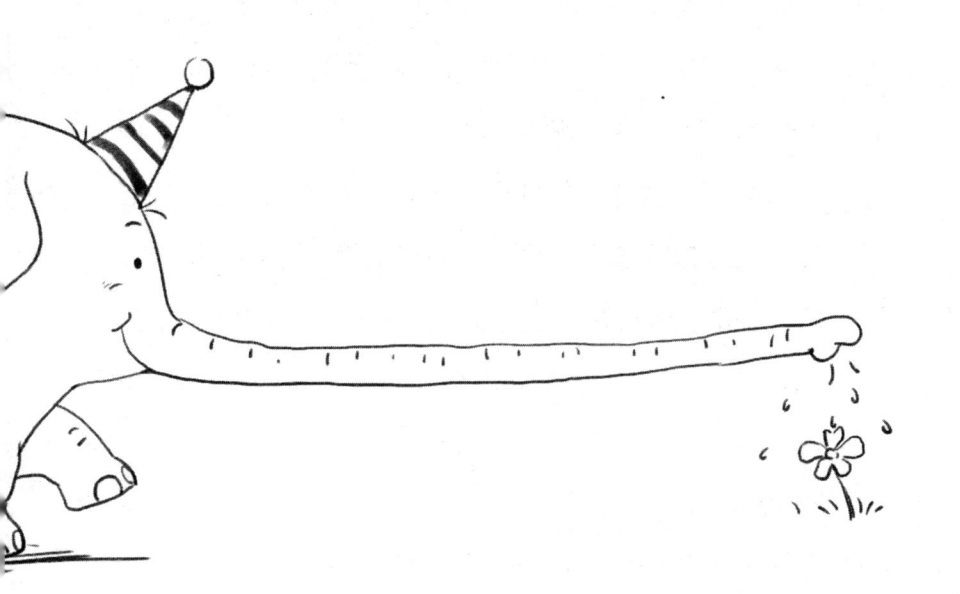

# 真的假不了

一天,安德和好朋友芙拉、比盖在教室里一起做作业,很晚的时候,他们三人在走廊上捡到一张银行卡。三人不约而同地想到办公室去交给老师。老师问他们,银行卡是谁捡到的。三个淘气的小家伙都笑着不作声,说是要考考老师。

安德说:"这卡不是我捡到的,也不是芙拉。"

芙拉说:"不是我,也不是比盖。"

比盖说:"不是我,我也不知道是谁捡到的。"

三个人还告诉老师,他们每人说的两句话中,一句真,一句假。于是,老师很快就判断出银行卡是谁捡到的了。

你知道银行卡是谁捡到的吗?

**我思我想**

银行卡是芙拉捡的。根据故事中给出的条件"每人说的两句话中,一句真,一句假",一一判断如下:假若安德第一句是真的，那么第二句则是假的；那么芙拉第一句也是假的，第二句就是真的。这样看来，应该是芙拉捡的。这样的话，比盖的第一句就应该是真的，第二句是假的。这样推理，完全有可能。我们再假设，假若安德第一句是假的，那么第二句就是真的，可以判断是安德捡的；那么芙拉的第一句也应该是真的，而第二句就是假的，从芙拉的话可以推出是比盖捡的。这样的话前后就矛盾了，所以此种假设就不对了。再看比盖的话，可以判定：他的第二句话是假的，第一句话是真的。由此进一步可以判断芙拉说的第一句话是假的，所以银行卡就是芙拉捡的。

## 花心肠子吉米

下面是花心肠子吉米对漂亮小姐弗里西所说的话："去年圣诞节前一天的早上，我和海军上尉海尔丁一同赶往海军在北极的气象观测站。突然，海尔丁摔倒了，大腿骨折。10分钟之后，我们脚下的冰层也开始松动了。我们开始向大海漂去。我意识到如不马上生个火，否则我们都会被冻死的，但是火柴用光了。于是,我取出一个放大镜,又撕了几张纸片,放在一个铁盒子上,用放大镜将太阳光聚焦后点燃了纸片。感谢上帝,火拯救了我们的生命。更幸运的是,24小时后我们被一艘经过的快艇救了起来。人人都说我临危不惧,采取了自救措施,是个英雄。"

弗里西小姐听后,说花心肠子吉米骗人。

你知道弗里西小姐是怎么知道的吗?

**我思我想**

在圣诞节前一天,花心肠子吉米是无法利用太阳光在北极圈内生火的。因为从当年10月到大约第二年3月期间,北极圈里是极夜,是没有阳光的。

## 谁的年龄大

玛丽和凯特是姐妹,有一天她们被别人问到谁的年龄比较大时。

玛丽说:"我的年龄比较大。"

凯特说:"我的年龄比较小。"

她们两个不是双胞胎,而且她们之中至少有一个人在说谎。

那么请问:到底谁的年龄大?

**我思我想**

凯特年龄大。如果说玛丽在说谎,凯特说的是真的,得出的结论就不合理,两个人的年龄不可能都是小的;如果玛丽说的是真的,凯特在说谎,得出的结论也不合理,两人的年龄不可能都大。所以两个人都撒了谎,这样得出的结论是:玛丽的年龄小,凯特的年龄大。

## 谁送的礼品

有五个嗜酒如命的人,他们的绰号分别是"威士忌""鸡尾酒""茅台""伏特加"和"白兰地"。

某年圣诞节,他们之中的每个人,都向其他四个人中的某个人赠送了一瓶酒;没有两个人赠送的是相同的礼品:每一件礼品,都是他们中某个人的绰号所表示的酒;没有人赠送或收到的礼品是他自己的绰号所表示的酒。

"茅台"先生送给"白兰地"先生的是鸡尾酒;收到白兰地酒的先生把威士忌酒送给了"茅台"先生;其绰号和"鸡尾酒"先生所送的礼品名称相同的先生把自己的礼品送给了"威士忌"先生。

请问:"鸡尾酒"先生所收到的礼品是谁送的?

**我思我想**

"鸡尾酒"先生所收到的礼品是"威士忌"先生送的。"茅台"先生送给"白兰地"先生的是鸡尾酒;"白兰地"先生送给"威士忌"先生的是伏特加;"威士忌"先生送给"鸡尾酒"先生的是茅台酒;"鸡尾酒"先生送给"伏特加"先生的是白兰地;"伏特加"先生送给"茅台"先生的是威士忌酒。

# 爱因斯坦的问题

伟大的物理学家爱因斯坦曾出过这样一道有趣的题——《土耳其商人和帽子的故事》,来考一考大家的机敏性和逻辑推理能力。

题的内容是这样的:有一个土耳其商人,想找一个助手协助他经商。但是,他要的这个助手必须十分聪明才行。消息传出了三天后,就有甲、乙两人前来应聘。

商人为了试一试甲、乙两个人中哪一个聪明一些,就把他们带进一间伸手不见五指的漆黑的房子里。商人先打开灯说:"这张桌子上有五顶帽子,两顶是红色的,三顶是黑色的。现在,我把灯关掉,并把帽子摆的位置搞乱,然后,我们三人每人摸一顶帽子戴在头上。当我把灯开亮时,请你们尽快地说出自己头上戴的帽子是什么颜色的。"说完之后，他们就这样做了。

待这一切做完之后，商人把电灯重新开亮。这时候，那两个人看到商人头上戴的是一顶红色的帽子。

过了一会儿，甲喊道："我戴的是黑帽子。"甲是如何推理的？

**我思我想**

甲是这样推理的：因为红帽子只有两顶，商人戴着一顶，如果我戴的也是红帽子，那么，乙就马上可以猜到自己戴的是黑帽子；可是现在乙并没有立刻猜到，可见，我戴的不是红帽子。

## 麻烦的任务

有一个五人小组，要派遣若干人去完成某项任务，但需同时符合以下条件：

（1）丁和戊至少要去一人。

（2）乙和丙只能去一人。

（3）假如戊去，甲和丁就都去。

（4）丙和丁要么两人都去，要么两人都不去。

（5）如果甲去，那么乙也去。

请问：应该让谁去完成任务呢？

### 我思我想

　　应该派遣丙和丁去。因为，如果派遣甲去，根据（5）可判断出乙也去；派遣乙去的话，根据（2）丙就不能去了；不派遣丙，根据（4）丁也不去了；再根据（1）判断出戊必须去；派遣戊的话，根据（3）甲和丁就都必须去了。这样就推出了矛盾的结果，所以不能派遣甲。

　　如果派遣乙去，根据（2）丙不去；不派遣丙，根据（4）丁不去；不派遣丁，根据（1）戊必须去；派遣戊，根据（3）丁必须去。这样也推出了矛盾的结果，所以不能派遣乙。

　　如果派遣戊去，根据（3）甲和丁必须同去；派遣甲，根据（5）乙也去；派遣乙，根据（2）丙则不去；不派遣丙，根据（4）丁不去。同样推出矛盾的结果，所以不能派遣戊。

　　如果派遣丙去，根据（2）乙不去；根据（4）丙和丁同去；根据（1）若戊也去，则再根据（3）（5）又会产生矛盾。所以戊不能去，在甲、乙、丙、丁、戊五个人中，只能让丙、丁两人去完成任务，才不会产生矛盾。

## 会说话的指示牌

篮球场、健身房和足球场是从教室通往宿舍的三个路过地点。一天,新生琪琪来到篮球场,看到一个指示牌,上面写着:"到健身房400米,到足球场700米。"她很受鼓舞,继续往前走。但当她走到健身房时,发现这里的指示牌上写着:"到篮球场200米,到足球场300米。"聪明的她知道肯定哪里出了问题,因为两个指示牌有矛盾的地方。她继续朝前走,不久到达足球场。这里的指示牌上写着:"到健身房400米,到篮球场700米。"琪琪感到困惑不解,她顺便询问一个路过的老师。

老师告诉他,沿途的这三个指示牌,其中一个写的都是假话,另一个写的都是真话,剩下的那一个写的一半是假话,一半是真话。

你能指出哪块指示牌写的都是真话,哪块指示牌写的都是假话,哪块指示牌写的一半是真话,一半是假话吗?

**我思我想**

足球场的指示牌上都是真话；健身房的指示牌上都是假话；篮球场的指示牌上一句是真话，一句是假话。

# 五个学生

有五名学生，他们所在的班不同。每个学生喜欢的课程和体育运动都不同，她们喜欢的课程分别为代数、化学、生物、历史、地理，体育运动为跑步、游泳、网球、壁球、篮球。

（1）露丝在3班，贝蒂喜欢跑步。

（2）有个女孩喜欢打壁球，她不在5班。

（3）4班的那个女孩喜欢游泳。

（4）伊丽莎白喜欢化学。

（5）喜欢跑步的那个女孩在2班。

（6）克拉拉喜欢历史但不喜欢打网球。

（7）喜欢化学的那个女孩同样也喜欢打篮球。

（8）艾米丽在6班，喜欢打壁球，但不喜欢地理。

(9) 喜欢生物的那个女孩同样也喜欢跑步。

推算出每个女孩所在的班、喜欢的课程和体育运动。

**我思我想**

| 名字 | 班级 | 课程 | 体育运动 |
| --- | --- | --- | --- |
| 艾米丽 | 6 | 代数 | 壁球 |
| 贝蒂 | 2 | 生物 | 跑步 |
| 克拉拉 | 4 | 历史 | 游泳 |
| 露丝 | 3 | 地理 | 网球 |
| 伊丽莎白 | 5 | 化学 | 篮球 |

# 有几个天使

一个旅行家遇到了三个美女，他不知道哪个是天使，哪个是魔鬼。天使常常说真话，魔鬼只说假话。

甲说："在乙和丙之间，至少有一个是天使。"

乙说："在丙和甲之间，至少有一个是魔鬼。"

丙说："我告诉你正确的消息吧。"

你能判断出有几个天使吗？

**我思我想**

至少有两个天使。

假设甲是魔鬼的话,由此可推断他们几个都是魔鬼,那么,乙是魔鬼的同时又说了实话,存在矛盾。所以甲是天使。假设乙是天使的话,从她的话来看,丙就成了魔鬼;相反,假设乙是魔鬼的话,从她的话来看,丙就是天使了。所以,无论怎样,都会有两个天使。

# 谁是说谎者

在逻辑岛上生活着两个民族,分别是 Truth 族和 Lie 族。Truth 族人总说真话,Lie 族人总说谎话。

一次,有旅行者路过此岛,遇到两个结伴而行的人。他问其中一个路人甲:"你是 Truth 族人吗?"

旅行者没听清甲的回答,于是又问另一个路人乙:"他说什么?"

乙说:"他说'我是'。不过你不要相信他,他是在说谎。"

请问:这两个人是什么族的?

**我思我想**

对于"你是 Truth 族人吗"这个问题,如果甲是 Truth 族,那么他会如实回答"是";如果甲是 Lie 族,那么他会说谎,还是回答"是"。所以不管甲属于什么族,他对旅行者的提问总要回答"是"。乙肯定了这一点,所以乙是 Truth 族的。这样乙的后半句话也一定是真的。那么甲肯定是 Lie 族的。

# 英明的总督

有一位英明的总督,他的辖区内有一座桥通往外国。为了不让罪犯偷越国境,总督给所有过桥的人订立了一条法律,所有过桥的人必须说明自己的去向,说实话的人可以过桥,说谎话的人要立刻在桥边被绞死。

有个人来到桥边,守桥的士兵照例问他:"你往何处去?"

那人说:"我是到桥边来被绞死的。"

士兵不知该如何是好,只能请示总督。

如果你是那位总督,你该怎么办呢?

**我思我想**

按照法律的逻辑推理，如果绞死那个人，就说明他说的是实话，应该让他过桥；而如果让他过桥的话，那么他说的就是谎话，应该被绞死。这样就陷入逻辑的悖论。所以守桥的士兵不知如何是好。

但是，这个推理也不是完美无缺的。通过对条件的合理限制，就可以破解悖论，做出没有矛盾的选择。我们可以看到：这条法律只适用于所有过桥的人，而那个人是来过桥的吗？不是，看起来他更像是来捣乱的，因此可以不使用这条关于过桥人的法律。这样，悖论也就不存在了。既然他是自愿来被绞死的，那就可以成全他。不过作为一名英明的总督，对于这样的聪明人，还是会赦免他的死罪，让他在有用的地方去发挥聪明才智吧。

## 约翰教授的奖章

约翰教授在 A 学院开设"思维学"课程，在每次课程结束时，他总要把一枚奖章奖给最优秀的学生。然而，有一年，琼斯、凯瑟琳、汤姆三个学生并列成为最优秀的学生。约翰教授打算用一次测验打破这个均势。

约翰教授请这三个学生到自己的家里，对他们说："我准备在你们每个人头上戴一顶红帽子或蓝帽子。在我叫你们把眼睛睁开以前，都不许把眼睛睁开。"约翰教授在他们的头上各戴了一顶红帽子。约翰说："现在请你们把眼睛都睁开，假如看到有人戴的是红帽子就举手，谁第一个推断出自己所戴帽子的颜色，就给谁奖章。"三个人睁开眼睛后都举了手。一分钟后，琼斯喊道："约翰教授，我知道我戴的帽子是红色的。"

请问琼斯是怎样推论的？

### 我思我想

琼斯是这样推论的：

凯瑟琳举手了，这说明我和汤姆两人中，至少有一个人是戴红帽子的；同样，汤姆举手了，这说明我和凯瑟琳两人中，至少有一个人是戴红帽子的。

如果我头上戴的不是红帽子，那么，凯瑟琳会怎么想？她一定会想："汤姆举了手，说明琼斯和我至少有一个人头上戴的是红帽子,现在,我明明看到琼斯戴的不是红帽子。所以,我一定戴的是红帽子。"在这种情况下,凯瑟琳一定会知道并说出自己戴的是红帽子。可是,她并没有说自己戴的是红帽子。

可见,我头上戴的是红帽子。

如果我戴的不是红帽子,汤姆会怎么想?他的想法和凯瑟琳是一样的:"凯瑟琳举了手,这说明琼斯和我两人中至少有一个人头上戴的是红帽子。现在,我明明看到琼斯头上戴的不是红帽子。所以,我一定戴的是红帽子。"在这种情况下,汤姆一定会知道自己戴的是红帽子,可是,汤姆并没有这样说。所以,我头上戴的是红帽子。琼斯的推论是完全合乎逻辑的。

## 野炊分工

兄弟四人去野炊,他们一个在挑水,一个在烧水,一个在洗菜,一个在淘米。现在知道:老大不挑水也不淘米;老二不洗菜也不挑水;如果老大不洗菜,那么老四就不挑水;

老三既不挑水也不淘米。

你知道他们各自在做什么吗?

**我思我想**

老大洗菜,老二淘米,老三烧水,老四挑水。根据给出的条件"老大不挑水也不淘米;老二不洗菜也不挑水;老三既不挑水也不淘米",可得出老大或烧水或洗菜,老二或烧水或淘米,老三或烧水或洗菜;又根据条件"如果老大不洗菜,那么老四就不挑水",可判断出老大洗菜,老四挑水,自然推出老二淘米,老三烧水。

## 穿越隧道

蒸汽机火车里,有三个人坐在打开着的窗户边。火车过隧道时,煤烟灰把他们的脸都弄脏了。他们看见对方的脸后都大笑起来。突然其中一个人停止了笑,因为他意识到自己的脸也被弄脏了。

他是怎么推出来的?

**我思我想**

如果他的脸是干净的,那么另两个人中有一个会意识到他自己的脸是脏的。但他们都在笑,所以他推断他的脸是脏的。

# 甲乙丙丁

住在某旅馆的同一房间的四个人甲、乙、丙、丁正在听一个故事。她们当中有一个人在修指甲,一个人在写信,一个人躺在床上,另一个人在看书。

(1)甲不在修指甲,也不在看书。

(2)乙不躺在床上,也不在修指甲。

(3)如果甲不躺在床上,那么丁不在修指甲。

(4)丙既不在看书,也不在修指甲。

(5)丁不在看书,也不躺在床上。

她们各自在做什么呢?

### 我思我想

甲躺在床上，乙看书，丙写信，丁修指甲。可用排除法一一求解。由（1）可知：甲或写信，或躺在床上；由（2）可知：乙或写信，或看书；由（3）可知：若甲写信，则丁躺在床上或看书；若甲躺在床上，则丁修指甲；由（4）可知：丙或写信，或躺在床上；由（5）可知：丁修指甲，或写信。根据这些推论，若选择甲写信，那么乙只能看书，丁则只能躺在床上，这和前面根据（5）得出的结论就矛盾了，所以这种推论不成立。若选择甲躺在床上，则丁修指甲，丙只能是写信，乙只能是看书。这种推论和上面吻合，所以成立。

# 美人鱼的钻戒

人间来了4位天使,她们4个人的手上都戴着1枚以上的钻戒,4人的钻戒总数是10枚。她们4个人说的话刚好被魔鬼听见了。其中,戴有2枚钻戒的人说的话是假话,其他人说的话是真话。另外,戴有2枚钻戒的人可能有2人以上。

丽丽:"艾艾和拉拉的钻戒总数为5。"

艾艾:"拉拉和米米的钻戒总数为5。"

拉拉:"米米和丽丽的钻戒总数为5。"

米米:"丽丽和艾艾的钻戒总数为4。"

请问:她们每个人的手上各戴有多少枚钻戒?

**我思我想**

她们手上戴的钻戒数具体是:丽丽:2枚;艾艾:2枚;拉拉:2枚;米米:4枚。4个人共有10枚钻戒,可知:

艾艾+拉拉=5的话,米米+丽丽=5;

艾艾＋拉拉≠5的话，米米＋丽丽≠5。

所以，丽丽和拉拉或是都说了实话，或是都撒了谎。

假设她们都说了实话，丽丽≠2，拉拉≠2。由于拉拉的发言是真实的，米米≠3。

假设艾艾的话是真的(艾艾≠2)，由于拉拉＋米米＝5，可得艾艾＋丽丽＝5，米米的话是假的，所以米米＝2。因此，拉拉＝3。丽丽的话就变成假的了。

由于丽丽的话是真的，所以拉拉＝3。那么，拉拉＋米米＝5，就成了艾艾＝2却又说了真话。这是自相矛盾的。

由此推知，前面的假设是不成立的。

她们都撒了谎，即丽丽＝2、拉拉＝2。由拉拉的发言(假的)可知，米米≠3。

所以，艾艾的发言是假的，艾艾＝2，剩下的米米就是4个。

## 小魔女们的小狗

小林子、小欢子、小安子、小丹子4个小魔女每人都养了小狗，但数量各不相同，并且她们眼睛的颜色和她们中意的魔女服装的颜色都各不相同。小狗的数量有：1只、2只、3只，4只；眼睛颜色分别是：灰色、绿色、蓝色、红色；服装颜色分别是：黑色、红色、紫色、茶色。

请根据如下条件判断她们每个人眼睛的颜色、魔女服装的颜色、饲养小狗的数量。

（1）灰色眼睛的魔女、黑色服装的魔女和小欢子3人共有8只小狗。

（2）绿色眼睛的魔女、红色服装的魔女和小安子3人共有9只小狗。

（3）红色眼睛的魔女、茶色服装的魔女和小丹子3人共有7只小狗。

（4）紫色服装的魔女的眼睛不是灰色的。

（5）小安子的眼睛不是蓝色的。

（6）小欢子的眼睛是红色的。

**我思我想**

根据（1）、（6），灰色眼睛的魔女、黑色服装的魔女、小欢子（红色眼睛）3人饲养的小狗是1只、3只、4只（顺序不确定）……Ⅰ；

根据（2），绿色眼睛的魔女、红色服装的魔女、小安子3人饲养的小狗分别是2只、3只、4只(顺序不确定)……Ⅱ；

根据（3）、（6），红色眼睛的魔女、茶色服装的魔女、小丹子3人饲养的小狗分别是1只、2只、4只（顺序不确定）……Ⅲ；

小安子的眼睛不是红色的（6），也不是蓝色的（5），也不是绿色的（2），所以是灰色的。

灰色眼睛的是小安子，所以不是红色衣服（6），也不是紫色衣服（4），也不是黑色衣服(1)，应该是茶色衣服。

灰色眼睛的魔女在Ⅰ、Ⅱ、Ⅲ里面都出现过了，所以养了4只狗。还有1个人，在Ⅰ、Ⅲ里共同部分出现过的红色眼睛的魔女（小欢子）养了1只狗。所以，黑色衣服的魔女和小丹子不是同一个人。

根据Ⅰ，黑衣魔女有3只小狗，在Ⅰ、Ⅱ里面没有出现过的黑衣魔女和绿色眼睛的魔女是同一个人，黑衣魔女（绿色眼睛，3只）和小丹子不是同一个人，所以是小林子。

根据Ⅱ，红色衣服的魔女是小丹子。

所以，最终的结论是：

小林子的眼睛是绿色的，穿了黑色的服装，养了3只小狗；

小欢子的眼睛是红色的，穿了紫色的衣服，养了1只小狗；

小安子的眼睛是灰色的，穿了茶色的衣服，养了4只小狗；

小丹子的眼睛是蓝色的，穿了红色的衣服，养了2只小狗。

# 四对亲兄弟

有一个楼里住着四户人家，每家各有两个男孩。这四对亲兄弟中，哥哥分别是甲、乙、丙、丁，弟弟分别是A、B、C、D。

一次，有个人问："你们究竟谁和谁是亲兄弟呀？"乙说："丙的弟弟是D。"丙说："丁的弟弟不是C。"甲说："乙的弟弟不是A。"丁说："他们三个人中，只有D的哥哥说了实话。"

丁的话是可信的，那人想了好半天也没有把他们区分出来。你能区分出来吗？

**我思我想**

甲的弟弟是D，乙的弟弟是B，丙的弟弟是A，丁的弟弟是C。根据故事里给出的已知条件"他们三个人中，只有D的哥哥说了实话"和"丁的话是可信的"，我们可做如下推断：乙肯定不是D的哥哥，说的话也不是实话，否则就矛盾了；而且由乙说的话，可知丙也不可能是D的哥哥；那么可推断出丙也说了假话，即丁的弟弟应该是C，而且甲是D的哥哥，而且甲说的是实话：乙的弟弟不是A；如此推断乙的弟弟应该就是B了，最后剩下的A就是丙的弟弟了。

# 火中逃生

德国有一种火灾救生器，其实就是在滑轮两边用绳索吊着两个大篮子。把一个篮子放下去的时候，另一个篮子就会升上来，如果在其中的一个篮子里放一件东西作为平衡物，则另一个较重的物体就可以放在另外的篮子里往下送。假如一只篮子空着，另一只篮子里放的东西不超过 30 磅，则下降时可保证安全。假如两只篮子里都放着重物，则它们的重量之差也不得超过 30 磅。

有一天夜里，罗宾逊的家里突然发生火灾。除了重 90 磅的罗宾逊和重 110 磅的妻子之外，他还有一个重 30 磅的孩子，和一只重 60 磅的宠物狗。

现在知道每只篮子都大得足以装进三个人和一只狗，但别的东西都不能放在篮子里。而且狗和孩子如果没有罗宾逊或他的妻子的帮助，自己也不会爬进或爬出篮子。

你能想出好办法尽快使这三个人和一只狗安全地从火中逃生吗？

**我思我想**

罗宾逊、他的妻子、孩子与狗可用下列顺序逃生：

降下孩子——降下小狗，升上孩子——降下罗宾逊，升上小狗——降下孩子——降下小狗，升上孩子——降下孩子——降下妻子，升上其他人及狗——降下孩子——降下小狗，升上孩子——降下孩子——降下罗宾逊，升上小狗——降下小狗，升上孩子——降下孩子。

## 身后的彩旗

甲、乙、丙、丁4人坐在一张方桌的4面，每人身后放着一面彩旗，红色或黄色的，他们都能看到别人身后的彩旗，但看不到自己身后的彩旗，丁问："你们每人看到了什么颜色的彩旗？"甲说："我看到了3面黄色的彩旗。"乙说："我看到了一面红色的彩旗和两面黄色的彩旗。"丙说："我看到了3面红旗。"

这三个人的回答中，身后放黄色彩旗的人说了假话，而身后放红色彩旗的人说了真话。试问，谁的身后是红旗？

### 我思我想

乙和丁的身后是红旗。

若丙的话真，则甲、乙应说的是真话，但他们的话矛盾。所以丙说了假话。若甲的话真，其他3人说了假话，但乙看到一红二黄也应是真的，矛盾。所以甲说的是假话。若乙说假话，那甲、乙、丙身后都是黄旗，如果丁身后是黄旗，那甲说的是真话了,这不可能,如果丁身后是红旗,那么乙就没有说假话。所以乙、丁身后是红旗。

# 只收半价

有一个人到一家新开张的布店里要买两匹布,挑好之后问多少钱?店主说:"开张大喜,今天只收半价。"于是这个人说:"既然是半价,那我买你两匹布,再把一匹布折合一半的价钱还给你。咱们两清了。"

这个人的说法成立吗?

**我思我想**

不成立。"两匹布的半价等于一匹布"是诡辩。

之所以感到迷惑,是因为思维受最初的"半价"概念所束缚,混淆了各种关系及计算方法,因而产生了认知模糊。

"布匹"和"布价"是两个不同的概念,一匹布是两匹布的一半,但却不是两匹布的布价的一半。如果将半价、全价问题搅和在同一个言语活动中,就容易模糊这两个概念的区别，使人觉得"言之有理"。如果感到这个问题一时说不清，不妨换算一下：假定两匹布值20元钱，一匹布值10元钱。如果是半价，那么两匹布就只值10元钱，一匹布也只值5元钱。而5元钱是不能抵消两匹布的半价10元钱的。如果这个诡辩者的论证成立，就要闹出半价卖出全价退货的笑话了。

## 两枚古钱币

有个人收购了两枚古钱币，后来又以每枚60元的价格出售了这两枚古钱币。其中的一枚赚了20%，而另一枚赔了20%。

与当初他收购这两枚古钱币相比，这个人是赚了，是赔了，还是持平？

**我思我想**

赔了5元。

从一枚赚了20%而另一枚赔了20%的表面现象看，似乎是不赔不赚。但这两个比率所比的对象不同，因而也是两个相对数。如按每枚60元出售，则赚了20%的古钱币，其收购价格为：60÷(1＋20%)＝50元；另一枚赔了20%的古钱币，其收购价格为：60÷(1－20%)＝75元。

这样，两枚古钱币的收购价格为50＋75＝125元，而出售价格为60＋60＝120元，所以这个人在这次交易中，赔了5元钱。

# 三个人的职位

格里、安尼塔和罗斯在一个公司分别任主席、董事长和秘书的职位，但不知道谁的职位是什么。现在只知道，秘书是独生子女，挣钱最少。而罗斯与格里的兄弟结了婚，挣的钱比董事长多。根据这些条件，你能说出他们分别任哪个职位吗？

**我思我想**

安尼塔是秘书，格里是董事长，罗斯是主席。推理过程如下：

格里有兄弟，而秘书是独生子女，所以格里肯定不是秘书。罗斯挣的钱比董事长多，而秘书挣钱是最少的，所以罗斯既不是董事长，也不是秘书，由此可推出罗斯是主席。前面这两个推断，又可以判断出安尼塔是秘书。所以，剩下的董事长应该就是格里了。

## 剩下的1元钱呢

3个人去宾馆住宿，服务台的工作人员告诉他们3个人一共要30元。

3个人各掏了10元，把钱交给服务员。这时，大厅经理走过来，说今天宾馆的房间特价，3个人只要25元就可以了，并叫服务员将多收的5元钱还给他们。

服务员想自己占有2元钱，于是就把剩下的3元还给了他们。3个人每人拿回1元，也就是说，他们每个人只出了9元住宿。

可是，9×3元+服务生的2元＝29元，剩下的1元钱跑到哪儿去了？

**我思我想**

那样算法本身就是不对的。3个人开始拿出30元钱，服务生还给他们3元，3个人实际共出了27元。老板得到25元，服务生得到2元。可以用下面的等式表示：25元（老板得到）+ 2元（服务生得到）+ 3元（找回）= 30元。

## 赔钱卖葱

农贸市场上，一个农民正在吆喝着卖葱："大葱一捆10斤，1元钱1斤喽！新鲜的大葱，快来买啊！"

有个人走过来，看了一眼大葱，说："我全都买下了。不过，我要分开来称，葱白7角1斤，葱叶3角1斤，这样葱白和葱叶加起来还是1元，你也没有吃亏，行不行？"

农民想了想，觉得买葱的人说得有道理，就答应了。他把葱切开，葱白8斤，葱叶2斤，加起来10斤，8斤葱白是5.60元，2斤葱叶0.60元，共计6.20元。

买葱的人走后，农民越想越不对劲，原来计划好能卖

073

10 元钱的，怎么好端端地只卖了 6.20 元呢？只不过是换了一种称法呀！

你想到问题出在哪里了吗？

**我思我想**

葱原本是 1 元钱 1 斤，也就是说，不管是葱白还是葱叶都是 1 元钱 1 斤。而分开称后，葱白只卖 7 角 1 斤、葱叶只卖 3 角 1 斤，当然要赔钱了。

## 国王的两个女儿

国王有两个女儿——总是说真话的阿米丽雅和总是说假话的蕾拉。其中有一个已经结婚了，另一个还没有。但国王一直没有公开这门婚事，就连是哪个女儿结婚了也保密。

为了给另一个女儿也找到合适的驸马，国王举行了一场比武大会，胜者可以说出他希望娶的公主的名字。如果公主是单身，那第二天他们就能成婚。国王说他可以向某一个公主问一个问题，但问题不能超过五个字，而且人们也不知道哪个公主叫什么名字。

他应该问什么问题?

**我思我想**

答案很简单,只要问:"你结婚了吗?"

无论是谁回答问题,他知道答案"是"意味着阿米丽雅结婚了而蕾拉没有结婚,而"不是"则意味着蕾拉结婚了而阿米丽雅没有结婚。高尚的阿米丽雅会告诉他实话——"是"表示她结婚了,而"不是"表示她没有结婚,而邪恶的蕾拉会用"不是"表示她结婚了,而"是"表示她没有结婚——就是说阿米丽雅结婚了。

## 鱼的主人是谁

有5栋5种不同颜色的房子；每一位房子的主人国籍都不同；这5个人每人只喝一种饮料，只抽一种牌子的烟，只养一种宠物；没有人有相同的宠物，抽相同牌子的烟，喝相同的饮料。现在只知道：

（1）抽混合烟的人的邻居喝矿泉水。

（2）英国人住在红房子里。

（3）住在中间房子的人喝牛奶。

（4）德国人抽 PRINCE 烟。

（5）丹麦人喝绿茶。

（6）绿房子在白房子的左边。

（7）养马人住在抽 DUNHILL 烟人的旁边。

（8）挪威人住第一间房子。

（9）绿房子主人喝咖啡。

（10）瑞典人养了条狗。

（11）抽 PALLMALL 烟的人养了只鸟。

（12）黄房子的主人抽 DUNHILL 烟。

（13）抽混合烟的人住在养猫人的旁边。

（14）抽BLUEMASTER烟的人喝啤酒。

（15）挪威人住在蓝房子旁边。

请问谁养鱼。

**我思我想**

德国人养鱼。

推理表：

| 房子号 | 1 | 2 | 3 | 4 | 5 |
|---|---|---|---|---|---|
| 国籍 | 挪威 | 丹麦 | 英 | 德 | 瑞典 |
| 颜色 | 黄色 | 蓝色 | 红色 | 绿色 | 白色 |
| 喝的 | 水 | 绿茶 | 牛奶 | 咖啡 | 啤酒 |
| 烟 | DUNHLL | 混合烟 | PALLMALL | PRINCE | BLUEMASTER |
| 宠物 | 猫 | 马 | 鸟 |  | 狗 |

推理过程：

首先排好顺序1到5，然后根据条件（8）把挪威人放到1号里。根据条件（15）可以看出2号房子是蓝色的，根据条件（3）可知3号房子的人喝牛奶，然后根据条件（6）可推断绿色的只可能在3号或者4号，因为2号是蓝的。又因为条件（9）绿房子主人喝咖啡，所以绿色的应该是4号，那么白色的房子便是5号了。根据条件（2）和（8）可推知3号房子是红色的，且住的是英国人。这样一来就知道1号是黄色了。根据条件（12）和（7），可知挪威人抽DUNHLL，2号养马。然后根据条件（14）喝啤酒的人抽BLUEMASTER香烟，可知只能是5号或2号了。

假如2号喝啤酒、抽BLUEMASTER，那么根据条件（1）可推断抽混合烟的人只能是4号，且5号喝水。然后再结合条件（5）继续推下去，1号喝绿茶，丹麦人。这样一来就和前面1号是挪威人矛盾了。所以2号是喝啤酒、抽BLUEMASTER假设不成立。那只能5号了。

再根据条件（5）推断下去：2号是丹麦人，喝绿茶。然后结合条件（1），可推断出2号抽混合烟，1号和矿泉水。到现在为此，剩下的4和5里，其中只有一个是德国人了，而条件（4）说德国人抽PRINCE烟，所以只能4号是德国人。那最后5号就是瑞典人了，根据条件（10）可知他养了条狗。根据上述推断出来的，再结合条件（11）可知3号养了只鸟，抽PALLMALL。再看条件（13）可推知1号养猫。

所以最后只剩德国人养鱼。

## 谁"差"钱

一天，艾特去早市的一家肉店买肉，却看到一群人围在里面。艾特打听后才知道,原来是一位盲人走进了一家肉店想买肉,他连叫了几声却无人回答。他知道无人,便伸手在放肉板上乱摸,哪知一下摸到了 4 枚 1 元的硬币,他赶忙把硬币放进口袋里,然后就要走出肉店。碰巧卖肉的人从屋内走出来见到了,便追出来抓住盲人,要他把钱拿出来。盲人大喊道:"天啊,欺负我是盲人,想抢我的钱啊!"

艾特见了后,便当场知道谁骗人了,你知道艾特是怎么做的吗?

**我思我想**

叫店主端一盆水来,让盲人把 4 枚硬币放进水里。硬币进水后如果水面浮起油脂,那就证明钱是店主的。

## 花店老板之死

渡边警官英俊潇洒,仪表堂堂。一天,他向一家花店走去。他要买一束鲜花送给他的女朋友,今天是他女朋友的生日。

当他走到花店附近的时候天色已经很晚了，有几家店铺已经关门了。他继续往前走，忽然听到前方传来了一声枪响，他马上跑过去一看，见到在花店门口，花店老板后背中了一枪，倒在地上。渡边向四周看了看，看到马路对面有两个人，就大声喊："你们都举起手，慢慢走过来，我是警察！"

他们两个走了过来。其中一个年轻人说："我是一个司机，刚刚下班要回家。我听到枪声回头一看，看到那个老板慢慢倒下了，其他的我就不知道了。"另外的是一个中年男子，他说："我每天下班都要经过这里。刚才经过这里，随意瞥了一眼，看到老板正在锁门，忽然就听见枪声响了……"

渡边警官打断他说："别说了，我看你就是嫌疑人！"说着就掏出手铐，把中年男子带了回去。

你知道渡边警官是根据什么断定是中年男子开的枪吗？

**我思我想**

当时天色很晚了，光线肯定不好，中年男子随意瞥了一眼，怎知道被害人在锁门啊？这说明，中年男子肯定在仔细盯着被害男子了，因为只有一直盯着他的人，才会知道老板是从里面出来的，而且是要锁门。所以中年男子就是凶手或者说目前有很大嫌疑。

第三章

# 发挥想象力,
## 真是"柳暗花明又一村"

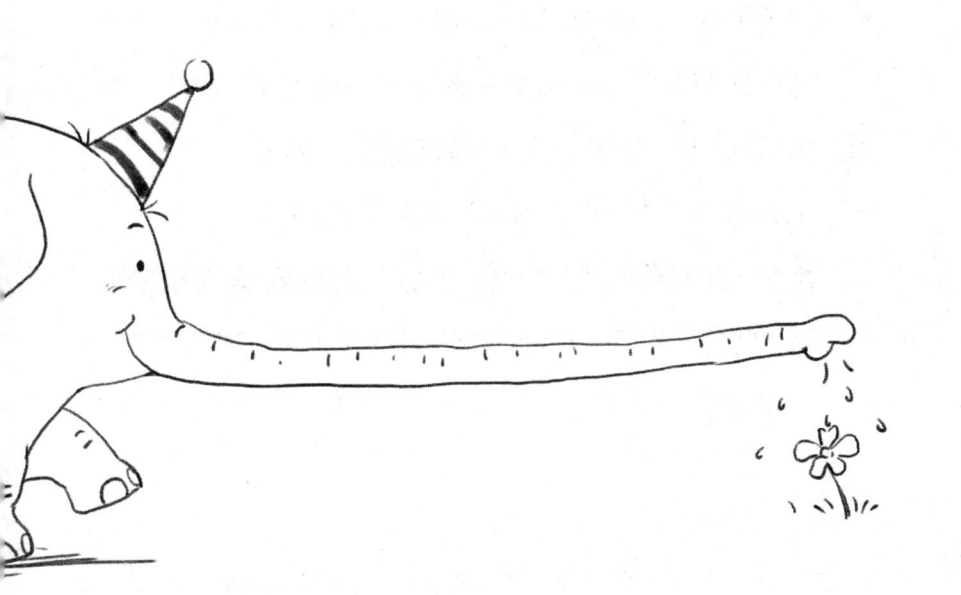

## 一句话定生死

有个国王想处死一个囚犯,他决定让囚犯们自己选择是砍头还是绞刑;但选择的方法是:囚犯可以任意说出一句话来,如果是真话,就处绞刑;如果是假话,就砍头。

有个聪明的囚犯来到国王面前问:"如果我说出了一句话,你们既不能绞死我,也不能砍我的头,怎么办?"

"如果真是那样的话,我就释放你。"国王说。

那个囚犯最后说了一句话,果然十分巧妙。国王听了左右为难,但又不能言而无信,只好把这位聪明的囚犯释放了。

你知道聪明的囚犯说了一句什么话吗?

### 我思我想

囚犯说的话是:"你一定砍死我。"国王听了左右为难,因为如果真的砍了他的头,那么他说的就成了真话,而说真话的应该被绞死；但是如果要绞死他的话，他说的话又成了假话了，而说假话的人是应该砍头的。

## 叔父的遗产

有一位在国际上享有盛名的画家，将不久于人世。他在这个世界上只有一个亲人，就是他一直视如己出的侄子。他希望在自己死前能给侄子留下一笔遗产，于是找来一位律师朋友，委托他在自己死后将一个信封交给侄子。

过了一个月，画家去世了。律师遵照画家的嘱托将信封交给画家的侄子，说里面是叔父留给他的遗产。

侄子打开信封一看，发现里面除了一张以花草为背景的信纸外什么也没有，信纸上面写着："你手上的东西就是我留给你的价值连城的财产。"最后是叔父的签名和落款日期。侄子望着律师，不明白叔父的意思。

聪明的读者，你知道画家给侄子留下的价值连城的遗产是什么吗？

**我思我想**

遗产就是那张以花草为背景的信纸，因为画家在国际上颇负盛名，而这张以花草为背景的信纸是他的最后一幅画，不久的将来会变得非常值钱。

# 闹钟停了

小青家住在农村，只有一台闹钟。今天因电池用完而停了。小青换好电池后急急忙忙去有钟的熟人家，看完时间后没有滞留就回家，马上拨钟。拨钟时小青才发现不知道自己在路上走了多少时间，但最后小青还是把闹钟的指针拨到准确时间的位置上。

你猜小青是怎样拨的？

**我思我想**

原来，小青离开家的时候已换了电池，闹钟也开始走了。他出去的时候看了钟，归来的时候也看了钟。根据这台闹钟就可确定他不在家的时间。到了熟人家和离开熟人的家，小青也看了他家的钟，因而可以确定在熟人家停留的时间。

从不在家的时间减去在熟人家停留的时间，即是小青在来回路上花掉的时间。在熟人家挂钟上看到的时间加上来回路上小青花掉的时间的一半，即是他把闹钟拨到正确位置的时间。

## 环球旅行

两个好朋友一直有自己开飞机环游世界的理想。他们计划从北京出发最后再回到北京。一个人说："我向北方飞行，只要保持方向不变，就一定能飞回北京。"另一个人说："我向南方飞行，只要保持方向不变，也一定能飞回北京。"

你觉得他们的说法有道理吗？

**我思我想**

没道理。因为飞机一直往北飞，最后会到达北极，再往前飞就会越过北极改变方向了，改成朝南飞了；往南飞的话，最后会到达南极，再往前飞越过南极也会改变方向的。

# 过 桥

一条湍急的河上，只有一座独木桥，只能同时容一个人通过。一天，有两个人同时来到桥头，一个从南面来，一个要向北去，而二人都要过桥，互不相让。请问他们要怎么过去？

**我思我想**

从南来和向北去是同一个方向，他们可以一前一后过桥。

# 水桶里有多少水

乐乐和颖颖在院子里玩儿，她俩发现水池旁放着一个圆柱形的水桶，里面盛着水。乐乐看了看，说："桶里只有不到半桶水了。"颖颖坚持说桶里的水要多于半桶。两个人争执不休。

如果想要知道她俩到底谁说得正确，你能不使用任何工具，就想出办法来了吗？

**我思我想**

把水桶半倾，如果水盖不住桶底又没有溢出来，说明少于半桶；如果持平，则表明刚好是半桶；如果水溢出来，就表明水多于半桶。

## 巡抚选人才

相传，有一位巡抚奉旨到各地选拔人才。但由于有人泄密，在他所进行的初试中，有9个人的成绩是相同的，并列第一名；还有一个农家书生的成绩稍微差一些，得了第二名。巡抚知道其中有诈，就决定复试。他把这10名考生叫到内堂，每人发给100粒谷种，让他们回家播种，以秋后的产谷数量来定。

转眼到了收割的季节，初试得第一名的9名考生让家人背筐挑担地来交谷子了。只有那农家书生，自己一个人捧了个小钵来交谷子。

等农家书生把谷子交上来时，巡抚问："你为什么只收了这么点呀？"

书生不安地回答："您给我的100粒谷种中，只有3粒发了芽，所以只能收这么多。"

其他人哄笑起来，但巡抚却以赞许的眼光看着这个农家书生。

聪明的读者,你知道这是为什么吗?

**我思我想**

原来,巡抚所发的谷种中,都是只有3粒能够发芽成长,其他97粒是发不了芽的坏种子。巡抚由此更加判断,这个农家书生是个诚实的孩子,而其他几人都在作假。

## 绝妙办法

战国时期著名军事家孙膑来到齐国以后,受到齐威王的重用,并拜他为军师。

有一天,齐威王想找机会考一考孙膑,就率领大臣来到一座小山脚下。齐威王坐在石头上对众人说:"你们谁有办法让我自己走到这座小山顶上去?"大家都说出自己的办法。田忌说:"现在正逢叶落草黄,在您的周围点一把大火,大王就得往山上走。"齐威王笑道:"用火攻,这办法太笨了。"另一位大臣说:"用水淹。"齐威王摇了摇头。还有的说:

"找外国军队来抓你。"大家说了一大堆办法,齐威王都一笑了之。

齐威王回头问孙膑有没有办法。孙膑说出了自己的办法,齐威王果然自己走了上去。想一想,孙膑说的是什么办法呢?

**我思我想**

孙膑说:"大王,我没有办法让你自己从山脚下走到山顶上去。可是,让你从山顶上走到山下来,我倒有绝好的办法。"齐威王不信,就与大臣一起走到山顶。这时,孙膑才说:"大王,请恕我冒昧,我已经让您自己走到山顶上来了。"这时人们才恍然大悟。

## 深山藏古寺

有一年,西南联大美术学院招生时,曾用"深山藏古寺"这一诗句为复试题。这题目看似简单,实则很难。有的考生画成深山里,树木环抱,中间有一座寺庙;有的考生的画上只显示了密林深处露出寺庙一角;有的画成了深山密林中有袅袅炊烟,但都不符合题意。因为,题目要求是:既要让人看得出来山上有古寺,又要把寺庙隐藏起来。最后只有一个考生解决了这个矛盾,画出了真正的"深山藏古寺"来。

聪明的读者,你能想到他是怎么画的吗?

**我思我想**

他画的画面上山峦起伏,看不到寺庙,但是在山间小道上,有一个和尚正挑着水上山。

## 隧道里的火车

两条火车隧道除了隧道内的一段外都是盘旋铺设的。由于隧道的宽度不足以铺设双轨,因此,在隧道内只能铺设单轨。

一天下午,一列火车从某一方向驶入隧道,另一列火车从相反的方向驶入隧道。两列火车都以最高速度行驶,但它们并未相撞,这是为什么?

**我思我想**

两列火车是在下午不同的时间点驶入隧道的。

按惯性思维,列车从相反方向以最高速度驶入单行隧道,它们是不可能不相撞的。但是,我们利用一下创新思维,注意一下命题中所给的时间限制是"一天下午",一个下午的概念是六个小时,从中我们可以得到答案,两列火车到达隧道时的时间是不同的。

## 渎职的警察

在美国城市街道的交叉路口上,明文规定:有步行者横过公路时,车辆就应停在人行道前等待。可是偏偏有个汽车司机,当交叉路口上还有很多人在横过马路时,他却突然撞进人群中,全速地向前跑。旁边有个警察看了,并没有责怪他,你知道这是为什么吗?

**我思我想**

你一定想,车开进了人群,会出人命的,警察怎么这么不负责。可是题中并没有说汽车司机开着车呀!在日常生活中,提到汽车司机,人们的头脑中就会出现司机驾驶汽车的形象,所以,好多误解是由我们的思维定式造成的。汽车司机步行也是可以的,如果他步行走进人群,全速向前跑,警察当然不会管了。

# 吃麦苗的小羊

小明把他的小羊拴在一棵树上，拴羊的绳子有 10 米长，现在羊离旁边的麦田有 18 米远。小明就让小羊自己吃草，和小朋友们玩去了。等他回来的时候，发现小羊吃了很多的麦苗，但是绳子并没有断，你知道这是怎么回事吗？

**我思我想**

假设小羊和麦田分别在树的两边，根据题干中给的两个数据，可算出树距离麦田有 8 米远。拴羊的绳子长度大于树到麦田的长度，羊围绕树转圈，正好可以吃到麦苗。

## 谁是冠军

在学校一年一度的运动会上,芳芳不负众望,经过一番激烈的较量,终于杀入决赛。到了决赛的时候,全班同学都给芳芳加油鼓劲。芳芳很有信心,一听到枪响,第一个就冲出了起跑线,而且一路上都没有被其他任何选手超过。

但是最后,第一个冲到终点线的人却不是芳芳。芳芳也没有在半途弃权。

这到底是怎么回事呢?

**我思我想**

芳芳跑的是接力赛的第一棒,所以不管到最后她们队是否拿到冠军,芳芳也不可能是第一个冲过终点线。

## 小仲马机智索酬

小仲马的《茶花女》写成后，法国一所著名剧院的老板找到他，请求他把这个剧本出让给他，并答应如果前26场能卖出6万法郎的票，就给小仲马1000法郎的高额稿酬。小仲马答应了。剧本上演后，每场都是爆满，演出获得了很大成功。

26场演出完后，小仲马向老板索要他的报酬，但老板却抵赖说只卖出了59997法郎的票，因此最多只能给小仲马100法郎的报酬。

小仲马听了，一言不发地走了出去，很快又回来了，他拿出一件十分简单的东西，放在老板面前。老板一看，傻了，没想到小仲马来这么一招，于是只好乖乖地付给小仲马1000法郎。

小仲马拿出一件什么东西，使老板乖乖兑现了承诺呢？

**我思我想**

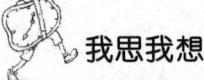

很简单,小仲马拿出的是一张刚刚用3法郎买的戏票,正好凑齐6万法郎。剧院老板当然再不能抵赖了。在此事件中,这个老板玩了一个花招,不承认赚了那么多钱,同时又对场场爆满无法解释,故而来了这样虚伪的一招。但他没有料到他的这种伎俩,偏偏被具有天才思维的小仲马识破并轻轻化解了。

或许我们一般人遇到此时时,常见的方式就是大吵大闹,再不成就告上法庭。但是小仲马没有这样做,而是动用脑筋,进行创想,"用3法郎赚回1000法郎"轻轻松松在瞬间就把问题解决了。

## 小狗多多

小狗多多被一根10米长的绳子拴在一棵树上。它想到它的狗食盆那儿去,盆子离它15米远。于是多多跑去并开始吃起来。没有诡计,绳子没有断,树也没有弯。

那么多多是怎么做到的呢?

**我思我想**

小狗多多被拴在一棵树上,所以它可以到达以树为中心,半径10米之内的任何一个地方。而故事里没有明确说它的食盆在哪个位置,所以在距离树5米的地方,且与多多相反的方向上,也正好是15米。

# 分蛋糕的卡比

蛋糕房里的伙计卡比一天收到了一份奇怪的订货单:定做9块蛋糕,装在4个盒子里,每个盒子里至少要装3块蛋糕。这可难倒了卡比,但最终他还是给了顾客满意的答复。

你知道他是怎么做的吗?

**我思我想**

如果运用常规思维我们也许真的无法解决这一难题,但是聪明的卡比进行了非常有创意性的思维。他先将9块蛋糕分装在3个盒子里，每个盒子放有3块蛋糕，再把这3个盒子一起放在1个大盒子里，再用包装带扎好。

## 巧搬石头

清朝年间，一日天降大雨，从高处塌下来的一块大石头正好滚到了路的中央，挡住了来往的路。这天慈禧太后按例要去庙里进香，正好要经过这条路。当务之急是要把这块大石头搬走，但因为场地泥泞，石头怎么也搬不动，这下把大臣们都急坏了。这时，有个人想出了一个办法，很快解决了问题。你知道是什么办法吗？

**我思我想**

在这块大石头前挖出一个大坑来，石头就能够轻易地被移到坑里去了。

# 租房的问题

有一家三口人突然要去另外一个城市工作，他们要在那个城市租住，但那个城市游客特别多，所以一时找不到租房。

这天，他们总算找到了一个价格合理条件不错的房子。但是当他们要租住的时候，房东却告诉他们，这房子不租给带孩子的用户。

丈夫和妻子听了，一时不知如何是好，于是他们默默地走开了。

这时他们的孩子对房东说了一句话，房东听了之后，高声笑了起来，喜欢上了这个聪明的孩子，并把房子租给了他们。聪明的读者，你能想到孩子说的是什么吗？

**我思我想**

小孩说："先生，我要租这间房子。我没有孩子，我只带来两个大人。"

## 洞穴的秘密

松平是一个寻宝爱好者。他听说有一个洞穴里面藏着无数稀世珍宝,于是就慕名前往。到了一看,果然如传说的那样,有一个又大又黑的洞穴,而且洞口还有很多脚印。但是,松平看到这些脚印不是进去,而是转身往回走。要注意的是,他身上带的装备很全,不是忘记了什么。

那么,这是怎么回事呢?

**我思我想**

松平看见的全是进去的脚印,却没有出来的,所以就不进去了。

## 儿子的安危

海啸过后,很多人都在关注事件发生情况,而且电视台和广播电台不断播出灾情和寻人启事。老王的儿子在海啸发生之前就在那里工作,一直没有回来,邻居挺替老人担心的。一个邻居问:"你的儿子有没有打电话回来?"老人说:"没有。"邻居说:"那么,有没有电视台或者电台播放了你儿子的消息?"老人说:"也没有,但是我知道他平安无事。"

你能猜出老人是怎么知道的吗?

**我思我想**

老人的儿子是电视台或者广播电台的新闻记者。

## 马克思的求爱妙招

有一天,马克思和燕妮又约会了。像往常一样,尽管他们双方都非常钟情于对方,但是,谁也没有勇气先开口。最后,还是马克思鼓起勇气,对燕妮说:"我最近交了一个非常好的女朋友,准备与她结婚,但是,不知道她同意不同意。"燕妮听了这话以后,不由得大吃一惊:"什么,你已经有女朋友了!""是啊,我与她交往已经很久了。"接着,马克思又说:"我这里有一张她的照片,你想看一看吗?"燕妮非常痛苦不安地点了点头。

于是,马克思拿出了一只精致的小木匣子递给燕妮。燕妮接过来以后,双手颤抖地打开了木匣子,可她一下子就呆住了,然后不由得羞红了脸庞,好一会儿才回过神来,于是扑到了马克思的怀里。

你知道小木匣里有什么吗?

### 我思我想

小木匣子里放着一面小镜子,镜子里的"照片"正是燕妮自己。马克思借此巧妙地向燕妮表达了求爱的愿望,并从而获得成功的。

第四章

# 激活发散思维力，
# 无限天地更广阔

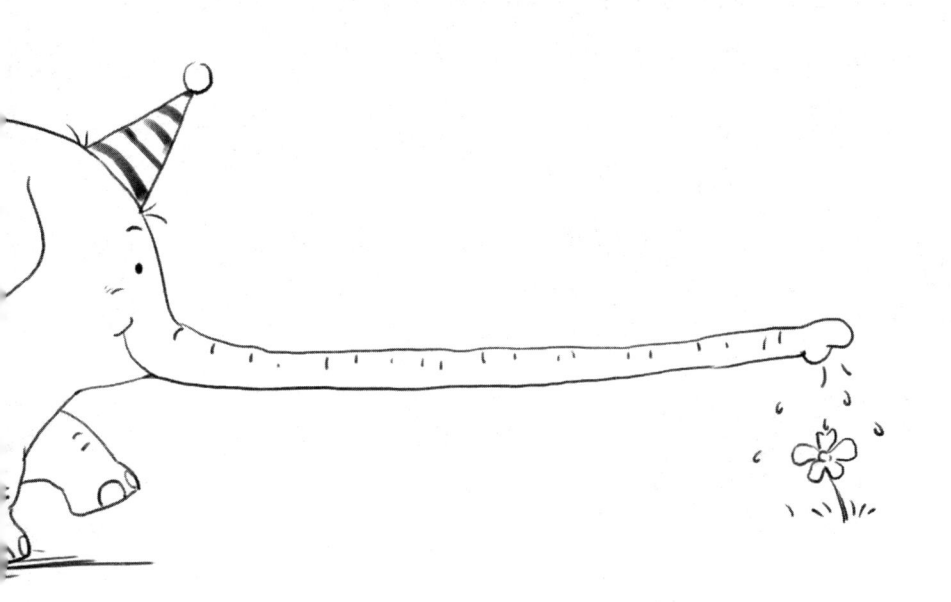

## 奇怪的经历

有一个人曾经有过这样的经历：他和很多人乘在一条船上，他们在打牌或者喝咖啡。这时船慢慢沉了下去，但是没有人惊慌，也没有人去穿救生衣，或者上救生艇上逃命，大家还是按照原来正在做的事情继续做下去，直到船沉没了，你知道这是为什么吗？

**我思我想**

他和这些人是在潜水艇里。

## 过独木桥

有个农民用扁担挑着一对竹筐，去赶集买东西。途中需要过一座独木桥,当他走到独木桥中间时,对面来了个孩子,他想退回去让孩子先过桥,但是回身一看,后面不远处紧跟着个孩子。农民急中生智,想了一个巧办法,使大家都顺利地通过了独木桥,而且3个人之中谁也没有后退过一步。问:农民用的是什么办法?

**我思我想**

农民把两个小孩放进扁担两边的箩筐里,转一个身,两个小孩就互相换了位置,各自过桥了。

## 孪生姐妹

丁丁告诉我这样一件怪事:有一对孪生姐妹,姐姐出生在2001年,妹妹出生在2000年。

你说可能吗?

**我思我想**

可能。姐姐可能是在2001年1月1日出生在一艘由西向东将过日界线的客轮上，而妹妹则是在客轮过了日界线后才出生的。那时的时间还是处在 2000 年 12 月 31 日。所以，按年月日计算，妹妹要比姐姐早 1 年出生。

## 0 的断想

有位作家写了一首散文诗《0 的断想》：

0 是谦虚者的起点，骄傲者的终点；

0 的负担最轻，但任务最重；

0 是一面镜子，让你重新认识自己；

0 是一只救生圈，让弱者随波逆流；

0 是一面敲响的战鼓，叫勇者奋勇进取。

0 的确是一个神奇的数字，它可以引起人们无穷的联想，你从它身上还会想到一些什么呢？比如说，0 是一块空地，……；0 是一个袅袅升起的烟圈，……；0 是一只坚硬无比的铁环，……请你按上述散文诗的格式，分别把这三句的后半句写出来。

**我思我想**

0是一块空地，它可以由你耕种五谷；0是一个袅袅升起的烟圈，在烟雾中叫你虚度年华；0是一只坚硬无比的铁环，一只只铁环连成一体，就能组成一条坚韧的铁链……

## 聪明的收税官

很多年以前,在一个生活富裕的部落里,部落首领对该部落的一头神河马照料得十分周到。

首领每逢生日,就和他的收税官带着这头畜生一起乘上华丽的彩船,沿河游览到收税营房。

当地的习惯是,交给首领的金币的重量必须同这头神河马的体重相等。在收税营房的边上有一台大天平,它的一边可以载上河马,而另一边则是用来装金币达成平衡的。

河马越长越肥壮,以致有一天天平的杠杆竟然被拉断了,而且修好它需花几天的时间呢。

首领顿时变了脸色,他对收税官说:"我今天就要把金币收上来,而且一定要如数收齐。如果在太阳落山之前还想不出办法,我就砍你的头。"

可怜的收税官一时没了主意。他集中精力苦苦思索起来,突然想出一个好主意。

现在让你来想一想,你能想出用什么办法吗?

**我思我想**

我们可以效仿曹冲称象的办法啊。先单独把河马放在华丽的彩船上，然后在船的外侧标上水位记号。之后将河马驱离彩船，再往彩船里装金币，直至装着金币的船外侧的水位达到刚才做标记的地方就可以了。这样一来，不用称，船上装的金币的重量肯定等于河马的体重了。

## 他会变得怎样

一次，一个人在路上拾到一张 2 元钱的钞票。从此，他走路时眼睛总是离不开地面，40 年的漫长岁月过去了……

他会变得怎样？请你想象一下，然后用简洁的语言表达出来。

**我思我想**

40 年的漫长岁月过去了，他收集的纽扣、别针、小螺钉、橡皮筋、破鞋底等杂物太多了，连背也驼了，十分可怜。他失去了对大自然美景的欣赏，失去了太多其他更加美好的事物。（答案不唯一，只要符合题意思路即可）

## 绑票者是谁

　　一个深秋的夜晚，纽约市某公司董事长的儿子被绑票了，绑架犯索要5万美元的赎金。那家伙在电话里说："我要旧版的百元纸币500张，用普通的包装，在明天上午邮寄，地址是查尔斯顿市伊丽莎白街2号，卡洛。"接到电话后，该董事长非常害怕。为了不让孩子的生命受到危害，他只好委托私家侦探菲利普进行调查。因为事关小孩的生命，菲利普也不敢轻举妄动。于是，他打扮成一个推销员，来到了凶犯所说的地址进行调查，结果却发现城市名虽然是真的，但是地址和人名却是虚构的。难道凶犯不想得到赎金吗？这当然是不可能的。忽然，菲利普灵机一动，明白了绑架犯的真实面目。第二天，他就成功地抓获了绑架犯，并安全地救出了被绑架的小孩。

　　菲利普明白了什么？

**我思我想**

这道题的"题眼"在地址上。赎金是要通过邮寄的方式寄到绑架者手里,但经过调查发现,大地址是真的,小地址是假的,而绑架犯不可能不想得到赎金,那么说明假地址是独有绑架者一人知道而接上头的"目标"。而邮差又是最后一个经手要递交到绑架者手里的人,所以最大的怀疑对象自然就落在了邮局的邮差身上,绑架者的真实身份就是当职此段路线的邮差。

## 严重的错误

小梅戴着厚厚的眼镜,但这次的视力测验,她有把握双眼的测试结果都应该在 2.0 以上,因为她事先把视力表给背了下来。

但是,检查开始的时候,她才发现,她犯了一个严重的错误,虽然视力表和她背下来的是一模一样的。聪明的读者,你知道这个错误是什么吗?

**我思我想**

因为小梅看不到指示棒所指的位置。

# "反一反"的结果

英国科学家法拉第,把当时已由别的科学家证明的"电流能够产生磁场"颠倒过来想,通过实验证明了"磁场能转变为电",从而发明了世界上第一台发电机。

还有什么东西是由这么"反一反"而创造出来的呢?请说出4个以上来。

**我思我想**

由吹风机而发明的吸尘器,由一般的镜子而发明的反光镜,由放大尺而发明的缩小尺,以及自行车刮泥板等。

## 最失败的抢劫

有一群劫匪持枪闯入了市中心的一家大银行,他们破坏了那里的报警系统,控制了局面。当他们要求工作人员交出柜台抽屉里的所有的现金时,银行经理表示,柜台已经没有钱了。劫匪要经理打开保险柜,经理照做了,但保险柜中确实空空如也。

这时,警察赶来了,立刻逮捕了劫匪,到底发生了什么事?

**我思我想**

当这群劫匪抵达银行前不久,另一帮劫匪刚好洗劫完这家银行。

## 没有新闻的新闻

美国有一个地区,每天都会发生各种意外事件,当地有一家报纸是专门报道本地意外事件的。每天发生的意外事件,都可以在当天的新闻晚报上看到。

但有一天,这个地区奇迹般没有发生任何意外事件。到了晚上,这家报纸却仍然正常发行,刊登意外事件,这家只刊登本地意外事件的报纸,还能刊出什么意外事件呢?

**我思我想**

没有意外事件,本身就是最大的意外事件。

## 时间的问题

广场上的大钟在整点的时候会报时,时间到几点钟就敲

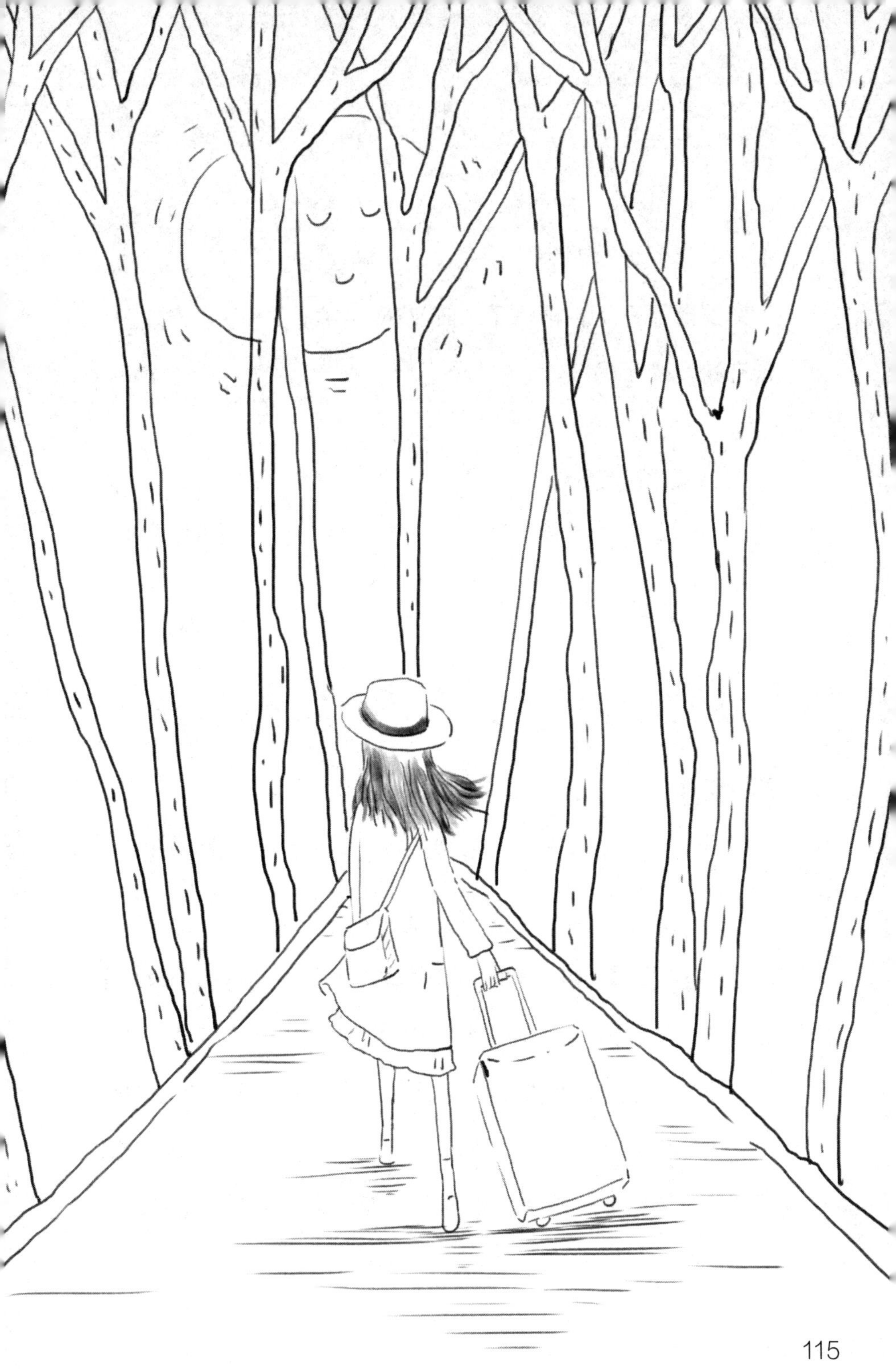

几下,并且每到半点时敲一下。有一天夜里,有一个人失眠了,他不知道是什么时候,他先是听见钟表敲了一下,然后过了一阵又敲了一下,再过了一阵又听到钟敲了一下。你能想出现在是几点了吗?

**我思我想**

是1点半。因为钟敲了三次,每次一下,分别是12点半一次,1点一次,1点半又一次。

## 预测机

人工智能专家发明了一个预测机,任何一个人都可以问它:一小时之中会不会发生某件事。如果预测机预知这件事会发生,就亮绿灯,表示"会";如果亮红灯,就表示"不会"。这个机器一经推出便受到很多人的欢迎,特别是警察局的警员,因为这样可以减轻他们的工作任务,只有局长不高兴,因为他知道预测机根本就不可靠,用一句话就可以验证。

那么,你知道局长想到了一句什么话吗?

**我思我想**

局长说:"预测机下一个预测结果会亮红灯。"如果预测机亮红灯表示"不会",那么预测机就预测错了,因为事实上它已经亮起了红灯。如果它亮绿灯说"会",这也错了,因为实际上亮的是绿灯,而不是红灯。这样预测机就预测不准确了。

## 精明的考古学家

有一天,一个英国人来到中国,让一个考古学家帮他鉴定一个精致的古董。考古学家认真地观看,发现上面刻着:"公元前12年",考古学家立刻断定这是一个赝品。你知道他是怎么判断的吗?

**我思我想**

因为公元纪年始于耶稣诞生之后,所以公元前的人是不可能用公元纪年的,更不可能在上面刻下公元纪年的准确年份。

## 关帝庙求财

太平盛世时，到关帝庙求财祈福的善男信女总是络绎不绝。关公在上面看着，总是微微一笑，他也看到了世间百态。

这日，来了一名香客，他跪下祈求关帝爷保佑他生意兴隆，财源广进。谁知，温和的关公听后大怒，"啪"地一拍桌子，大喝一声："大胆刁民，有此歹意，当五雷轰顶！"

那香客一听，惊叫一声，赶紧拔腿逃了出去。

关公旁边持刀的周仓看了，大笑说："此人肯定是个祸害百姓的不法之徒。"

关公笑了笑，说："不，他是个规矩的生意人，做的也是合法的生意。"

这让周仓很疑惑了，为什么祈福的香客中，关公单单说这个人有歹意呢？

读者朋友，你想到原因了吗？

**我思我想**

因为这个人是棺材铺老板或殡葬用品店老板。

# 奇怪的血缘关系

王先生和他的妹妹王小姐一起在街上散步。这时，王先生看着对面的店铺对妹妹说："对了，小外甥在这家店工作，我要去看看他，还要顺便买一些东西。"

王小姐回答："我可没有外甥啊。"

说罢，王小姐就先走开了。

聪明的读者，你知道王小姐和那个神秘的外甥是什么关系吗？

**我思我想**

王小姐是在那家店工作的男孩的妈妈。

## 【成长箴言】

创造性思维能力需要人们付出艰苦的脑力劳动,也是人们经过长期的知识积累、素质磨砺才具备的。创造性思维的过程离不开繁多的感知、联想、想象、推理、直觉等思维活动,也往往要经过长期的探索、刻苦的钻研、甚至多次的挫折等。

**自我认知箴言:**

1. 学而不思则罔,思而不学则殆。
2. 要想学习不走样,先得头脑不走神。
3. 虽然你的思维相对于宇宙智慧来说只不过是汪洋中的一滴水,但这滴水却凝聚着海洋的全部财富。
4. 思维自疑问和惊奇开始。
5. 只有靠积极的思考得来的知识,才是真正的知识。
6. 智商并不是绝对的,思维灵活才是真正的聪明!做事要思索!

**价值观箴言：**

1. 要想真正成为有教养的人，必须具备三个品质：渊博的知识、思维的习惯和高尚的情操。

2. 挫折也是一种领悟，只要我们不让自己的思维僵化，不让自己的行动固封，总会在困顿里发现希望之光。

3. 知识不多就是愚昧；不习惯于思维，就是粗鲁或蠢笨；没有高尚的情操，就是卑俗。

4. 喜欢山林可返璞归真，喜欢孤独可安心读书，喜欢运动可健全体魄，喜欢探究可活跃思维。

5. 在泥土下面，黑暗的地方，才能发现金刚钻；在深入缜密的思维中，才能发现真理。

**社会能力箴言：**

1. 我们可以通过正确的思维方式达到最和谐、最完美的境界。

2. 生活中有无数弯路，无数捷径，如何选择，如何转变，在于我们有没有将路看准的眼光，准备走弯路的决心，以及将弯路变捷径的独特思维能力。

3. 积极的心态来源于积极的思维，而积极的思维又是积极行动的结果。

4. 如果我们觉得生活缺乏力量和动力,有时候我们只需改变一下思维的角度。

5. 站在不同的角度就有不同答案,要学会换位思维。

6. 有眼界才会有境界,有思路才会有出路!

7. 观念落后,脑袋贫穷,才是真正的贫穷。

8. 动用大脑改变思路,改变习惯,往往会扭转困局,创造出无限奇迹来。